電子機械入門シリーズ

メカトロニクス

第2版

鷹野英司 ◆ 著

Ohmsha

はしがき

　今日，わが国の経済動向は，世界的規模でのボーダレス化，産業界の空洞化，IT による技術革新，流通・サービス業における効率化や労働人口の減少化など，産業構造の急速な変化という課題に直面している．すなわち，経済活動をとりまく環境が，大きな転換期を迎えつつある．

　こうした経済環境の変化に対応し，将来の国内産業の持続的発展を図るためには，高い付加価値を創造する産業へと転換する必要があろう．そのためには，たとえば工業技術分野では，情報通信，新素材，バイオテクノロジー，超伝導，AI（人工知能），医療機器などの技術の研究や開発をいっそう推し進めなければならない．

　このような状況の中で，現在脚光を浴びているものに，電子機械関連産業，いわゆるメカトロニクス産業があげられる．これは，日本の経済産業政策の一環として，1978 年，"機械・電子・情報技術の一体化"を進める「機械情報産業高度化促進措置法」が制定された後，急速に進展してきた産業である．そして，今後，産業の空洞化や少子化の問題を考えるとき，この産業は，わが国の主導的産業に成長していくものと考えられる．

　メカトロニクス技術は，機械・電子技術に情報技術を融合させ，高度の情報処理機能と運動機能によって，高度な目的機能を遂行する技術である．たとえば，ロボット，自動洗濯機，エアコン，自動撮影カメラ，スマートフォン，電気自動車（EV カー）など高付加価値機能をもつ製品や，生産工場における NC（数値制御）工作機械やフレキシブル生産システム（FMS：flexible manufacturing system，柔軟な生産システム），FA システム（FAS：factory automation system，工場のオートメーション）などの電子機械は，このメカトロニクス技術によって開発された製品やシステムである．

　さて，本書，電子機械入門シリーズは，電子機械を生み出すための基本的な技術を習得できるように

（**1**） メカトロニクス

（**2**） センサの技術

（**3**） アクチュエータの技術

の3巻で構成し，大学工学部，高等専門学校，職業訓練校，工業系専修学校，工業高校などの学生，あるいは企業におけるメカトロニクス技術教育を対象に編集したものである．

第1巻の本書「メカトロニクス」は，次のような内容で構成している．

第**1**編　**メカトロニクス概論**　メカトロニクスの定義とその適用例を豊富な具体例を通して，メカトロニクスの概論を学ぶ．

第**2**編　**メカトロニクス技術の基礎**　機械の伝動機構とその要素，電子要素部品の電子回路の働きおよびコンピュータによる機械の制御を通して，メカトロニクス技術の基礎を学ぶ．

第**3**編　**制御技術の基礎**　メカトロニクス技術に必要なシーケンス制御，フィードバック制御の例を通して，制御技術の基礎を学ぶ．

第2版では，近年の技術的動向を踏まえ，「第1編 メカトロニクス概論」を中心に増補を行ない，また電気用図記号（**JIS C 0317-1～13：2011**）に準じるため図記号・回路図を改めるとともに，全体の見直しを行った．

おわりに，本書初版の執筆に際し，種々ご指導を頂いた東京工業大学教授 舟橋宏明 先生，岐阜工業高等学校長 寺島 博 先生，ならびに，第2版の刊行にあたって，終始お世話になったオーム社のみなさまに，心から謝意を表する次第である．

2021年10月

著　者

目次

第 2 編　メカトロニクス技術の基礎

3章 | 機械の機構と伝動

4章　電子要素部品とその回路

5章　機械制御法の基本

第 3 編　制御技術の基礎

6章 | シーケンス制御

7章 │ フィードバック制御

本書で用いた主な量記号とその単位

量	量記号	単位記号	量	量記号	単位記号
電　　　　　流	I	A	回　転　速　度	N, n	min^{-1}
電　　　　　圧	V	V	す　　べ　　り	s	%
電　気　抵　抗	R	Ω	回　　転　　角	θ	rad, °
抵　　抗　　率	ρ	Ω·m	長　　　　　さ	l, L	m
熱　　　　　量	H	J	直　　　　　径	D	m
電　　　　　力	P	J/s, W	時　　　　　間	t	s
電　力　　量	W	W·s	速　　　　　度	v, V	m/s
磁　束　密　度	B	T	加　　速　　度	α	m/s^2
電　磁　　力	F	N	周　　　　　期	T	s
電　　　　　荷	Q	C	質　　　　　量	m, M	kg
静　電　容　量	C	F	力	F	N
インダクタンス	L	H	起　　電　　力	E, e	V
周　　波　　数	f	Hz	温　度　係　数	α	/°C
角　周　波　数	ω	rad/s	温　　　　　度	t	°C
誘導リアクタンス	X_L	Ω	利　　　　　得	G, g	dB
容量リアクタンス	X_C	Ω	直流電流増幅率	h_{FE}	—
インピーダンス	Z	Ω	交流電流増幅率	h_{fe}	—

第1編

メカトロニクス概論

　ロボット，NC 装置，電子式ミシンなどの電子機械は，メカトロニクスの技術で設計・製造・運用される機械であり，高度な運動機能と制御情報とが有機的に結合して，高度な目的機能を遂行できるものである．

　本編では，メカトロニクスの定義，メカトロニクスが生まれた要因などを学習するとともに，メカトロニクスの適用例，電子機械の構成例などを通して，それに必要な技術とは何かについて考えてみよう．

1

メカトロニクスとは

近年，電子機械産業やメカトロニクス製品という言葉をよく耳にする．

ここでは，メカトロニクスという言葉の意味を理解するとともに，メカトロニクスはどのような科学・技術の影響を受け，発展しつつあるのか，また，メカトロニクス製品にはどのようなものがあるのかを学ぶ．さらに，社会的・技術的要因によってメカトロニクスが生まれた背景について調べてみよう．

1·1 メカトロニクスの定義

1. メカトロニクスの特徴

メカトロニクス（mechatronics）という言葉は，1970年代の半ばに，機械工学と電子工学の境界領域の名称として日本で使われ始め，機械学（mechanics）と電子工学（electronics）を合成した和製英語である．そして mechatronics は，いまや世界に通用する言葉になっている（図1·1参照）．なお，従来の機械は機構（mechanism）によってつくられていたため，これに電子部品を組み込むようになったという理由から，メカトロニクスをメカニズムとエレクトロニクスの合成語とする意見もある．

いずれにしても，今日この分野では，機械製品にエレクトロニクスおよび情報技術（IT）を付加して，高性能で多くの機能をもつ機械装置の開発をめざしている．

近年，メカトロニクスの技術によって製造された各種の機械・機器は，それらの構成要素の知能化が進み，それにともない，メカトロニクスとい

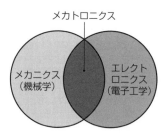

図1·1 メカトロニクスの領域

う言葉の意味が，高度な情報処理機能と高度な運動機能とが融合して，高度な目的機能を遂行できるシステムと解釈されるようになってきた．

たとえば，産業用ロボットは，産業におけるいろいろな作業を行うことのできる電子機械であるが，その一つの例である図 **1·2** に示す多関節ロボットは，図

図1·2 産業用多関節形ロボット [20]

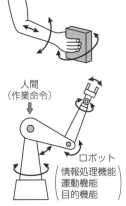

図1·3 腕と多関節ロボット

1·3 に示すように，人間の腕や手に似た機構をもっている．これには，人間から与えられる作業命令を理解する情報処理機能があり，また，腕や手のように動作する運動機能がある．さらに，物の移動ばかりでなく，溶接・塗装・組立てなどの作業を行う目的機能も備わっている．

このように，電子機械においては，従来，機械的に構成されていた各制御部分を，センサ (sensor)，マイクロコンピュータ (microcomputer)，アクチュエータ (actuator) で置き換え，学習および診断機能やプログラマブル機能などを備えているシステムになっている．

一般に，これらのシステムは，大規模なシステムを対象にし，大型コンピュータによるシステム工学 (system engineering) が主としてソフトウェア的手法を用いているのに対し，メカトロニクスは，個々の機械を対象とし，マイクロコンピュータを使うハードウェア的手法を用いる点が特徴である．

2. メカトロニクスの発展

今日，メカトロニクスは，図 **1·4** に示すように，

① マイクロエレクトロニクス (microelectronics) 分野　集積回路 (integrated circuit：IC) や大規模集積回路 (large scale IC：LSI) の開発・設計・応用技術．

② 機械技術分野　精密技術，機械の機構，油圧・空気圧技術．

③ システム技術分野　機械と電気の融合を図る技術．

④ サイバネテックス (cybernetics) 分野　生物の機能を調べ，これを機械や

情報処理に応用させようとする科学.

など，種々の科学・技術の影響を受けて発展しつつある.

　さらに，メカトロニクスは，事務部門，生産部門，製品開発・研究部門，通信・運輸部門など，産業界への応用

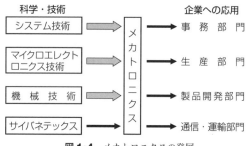

図1・4　メカトロニクスの発展

がいっそう拡大していくものと考えられる.

　エレクトロニクスの技術と機械を結びつけた機電一体の産業をメカトロニクス産業（mechatronics industry）と呼び，そこで生産される製品には，マシニングセンタ（machining center），NC旋盤，NCフライス盤，NC平面研削盤などのNC工作機械（numerically controlled machine tool）や各種産業用ロボット，自動倉庫（automatic warehouse system），無人搬送車（automatic guided vehicle）などがある．また，このほか，電子式ミシン，VTR，自動カメラ，電子レジスタ，デジタル時計，エアコンディショナなど民需用の製品も多くなってきた.

　このように，メカトロニクス産業は，今日の日本の主導的産業に成長している.

　メカトロニクス製品を分類すると，図1・5に示すように，およそ4つの形式に分けられる.

　①　**エレクトロニクス包含形**　メカニズム製品にエレクトロニクスを用いた制御機能が組み込まれ，高度な目的機能をもったシステムとしてまとめられているもの……NC工作機械，ロボット，自動車など.

　②　**メカニズム包含形**　従来のエレクトロニクス主体の機器内にメカニズムが共存しているもの……全自動洗濯機，電子レンジ，コピー機，ファックス，ルームエアコン，DVDなど.

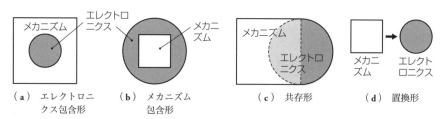

（a）エレクトロニクス包含形　　（b）メカニズム包含形　　（c）共存形　　（d）置換形

図1・5　メカトロニクス製品の分類

③ **共存形** メカニズムで構成されている制御機構がエレクトロニクスで一部置き換えられ，両者がうまく融合しているもの……自動カメラ，電子式ミシン，自動販売機など．

④ **置換形** 従来，メカニズムで構成されていたものがほとんどエレクトロニクスに置換されたもの……デジタル時計，電子卓上会計機など．

1·2 メカトロニクスが生まれた理由

1. 社会的要因

今日の日本のように，物の豊富な社会が生まれたのは，産業界における各種の装置・機械・機器の発達によるものである．

工業分野で近代的な生産方式が行われるようになったのは，18世紀後半のイギリスにおいて，ウイルキンソン（John Wilkinson）の中ぐり盤の発明に始まる．この発明によってシリンダの加工が容易となり，蒸気機関の製造が可能となったのである．また，このほか，繊維工業の機械化が出現し，金属加工技術や動力機械への実用化も行われた．

この産業革命を期に，急速に進展した工業化社会は，製造技術に次々と改善が加えられ，20世紀初頭には，大量生産方式が導入され，著しく変貌していった．

大量生産は，一定の品質で，豊富に，しかも低価格の製品を市場に提供できたため，多くの人が生活の便利さを享受できるようになった．

さて，20世紀半ばの日本の産業政策を顧みると，まず1949年にJISが制定され，その後，当時の通商産業政策の一環として，1956年に機振法（機械工業振興臨時措置法）が，続いて，1957年には電振法（電気機械工業振興臨時措置法）が実施された．これによって機械および電気工業は，国の保護と援助を受けることになった．また，このころは，高度成長政策と相まって驚くべき経済成長を遂げた．

そして，1971年には，前法に代わって機電法（特定電子工業および特定機械工業振興臨時措置法）が実施され，"機械と電子技術の一体化"という言葉が使われ始めた．これが，メカトロニクスのはしりとなったのである．

さらに，1978年には，新たに情報あるいはソフトウェアを加え，"機械・電子・情報技術の一体化"を進めるべき機情法（機械情報産業高度化促進臨時措置法）が制定され，メカトロニクス産業が脚光を浴びることとなった．

　以上のように，メカトロニクスは，日本における産業，なかでも工業分野での進展を国策として進められてきた技術であり，また，今日の市場のニーズに必要なシステム的技術として進展してきたものでもある．

2.　技術的要因

　メカトロニクスが生まれた技術的要因は，エレクトロニクスの進歩に負うところが非常に大きい．表1・1に，半導体，コンピュータおよび工作機械・ロボットの発展の年譜を示す．同表からわかるように，1948年にトランジスタが発表されて以来，工業分野の技術は，半導体応用技術の時代へと突入した．

表1・1　メカトロニクス関連技術の変遷

年代	半導体関連技術	コンピュータ関連技術	工作機械・ロボット関連技術	その他
	・点接触トランジスタ（バーディーン，ブラッテン）	・ENIAC（1946年，ペンシルバニア大学） ・情報理論（シャノン） ・EDSAC（プログラム内蔵方式，1949年，ケンブリッジ大学）		・JIS制定
1950	・接合形Geトランジスタ（ショックリー）	**コンピュータの第1世代（真空管）**		・テープレコーダ発売（東京通信工業） ・VTR試作（アメリカ） ・NHK-TV実験放送
51		・UNIVAC（ペンシルバニア大学）		・9電力会社発足
52	・電界効果トランジスタ（ショックリー）	・IBM 701（IBM社） ・リレー式電算機Mark I（電気試験所）	・NCフライス（マサチューセッツ工科大学）	
53	・接合形Geトランジスタの製造（フェアチャイルド社）		・NCに真空管使用	・白黒テレビ発売（早川電機）
54	・Siトランジスタ（テキサスインスツルメント社）	・IBM 704		・トランジスタ技術導入（ウェスタンエレクトリック社，アメリカ） ・第1回モータショー（東京）
55	・パラメトロン			・トランジスタラジオ発売 ・事務用コピー機発売

年代	半導体関連技術	コンピュータ関連技術	工作機械・ロボット関連技術	その他
56		・真空管式電算機 FUJIC（岡崎）	・NC旋盤（東工大）	・"機振法"制定 ・東海道本線全線電化
57	・トンネルダイオード（江崎）	・FORTRAN言語（IBM社） ・トランジスタ式電算機 Mark IV（電気試験所）	・国産NC装置（富士通・牧野社）	・スブートニクス打上げ（旧ソ連） ・NASA発足（アメリカ）
58			・NCの小型化	
59		コンピュータの第2世代（トランジスタ） ・IBM1401（トランジスタ方式）	・NCのトランジスタ化	・VTR試作（日本） ・トランジスタTV発売（ソニー）
1960	・1C（テキサスインスツルメント社，フエアチャイルド社）	・ALGOL60言語（国際プログラミング言語委員会）		・ルビーレーザ（メイマン）
61		・COBOL言語 ・タイムシェアリングシステム（ストレーチャー）		・ガガーリン宇宙旅行（旧ソ連） ・アポロ計画（アメリカ）
62	・MOS形IC（アメリカ）	・FORTRAN IV言語 ・大型コンピュータ NEAC（NEC）		・GaAs半導体レーザ
63		・BASIC言語		・ATS導入（旧国鉄） ・原子力発電試験成功（原発研）
64	・DIP形IC（フェアチャイルド社）	・IBM360（ハイブリット1C） ・OS 1360，PL/1言語		・東海道新幹線営業開始 ・トランジスタ電卓（シャープ）
65	・ICの国産化	・ミニコンPDP-8（DEC社）		
66		コンピュータの第3世代（IC）	・NCのIC化	
67	・64ビットROM		・アメリカよりロボットを輸入	・ロータリエンジンの実用化（東洋工業）
68	・1024ビットROM		・国産ロボット	・郵便番号自動読取り装置（郵政省）
69			・第1次ロボットブーム	・アポロ計画成功 ・VTR発売（ビクター）
1970	・LSI	コンピュータの第3.5世代（LSI） ・フロッピーディスク（IBM社）	・第1回産業ロボット展（東京） ・ロボット保有160台（日本）	・電荷結合素子CCD（ベル）

年代	半導体関連技術	コンピュータ関連技術	工作機械・ロボット関連技術	その他
71	・4 ビットマイクロプロセッサ（インテル 4004） ・MOS 形 1 K RAM	・PASCAL 言語（ワース） ・4 ビットマイコン	・DNC（直接数値制御）装置 ・CNC（コンピュータ NC）装置	・電算機業界提携進む ・"機電法" 制定
72	・8 ビットマイクロプロセッサ（インテル 8008） ・2 K EPROM（インテル社）		・第 2 次ロボットブーム	・自動車排気ガス規制 ・パーソナル電卓発売（カシオ）
73	・4KRAM ・4 ビットマイクロプロセッサ（NEC：が COM4）・8 ビットマイクロプロセッサ（インテル 8080）	・マウス入力（XEROX 社）	・NC の LSI 化	・第 1 次石油危機 ・液晶デジタル時計発売（カシオ）
74	・8 ビットマイクロプロセッサ（モトローラ 6800） ・12 ビットマイクロプロセッサ（東芝 TLCS-12）	・8 ビットマイコン ・レーザプリンタ（IBM 社）	・ロボット保有 1500 台（日本）	
75	・8 ビットマイクロプロセッサ（ザイログ Z-80）	・4 ビット 1 チップマイコン ・高性能 8 ビットマイコン	・ロボットのマイコン制御	・VTR（β用）発売
76	・8 ビットマイクロプロセッサ（インテル 8085）	・スーパーコンピュータ（Cray 社） ・8 ビット 1 チップマイコン		・VTR（VHS 用）発売 ・自動車にマイコン搭載（GM 社）
77	・16 K RAM ・16 ビットマイクロプロセッサ（インテル 8086）	・16 ビットマイコン	・自動車にマイコン搭載 ・自動車メーカに溶接ロボットなどを大幅導入	・64 k ビット VLSI 開発（電電公社）
78	・16 ビットマイクロプロセッサ（ザイログ Z-8000）	・FACOM-M 200 超大型コンピュータ	・ロボット保有 3000 台（日本）	・"機情法" 制定
79	・16 ビットマイクロプロセッサ（モトローラ MC-68000）	・PC-8001（NEC）		・第 2 次石油危機 ・自動車のエンジン制御装置 ECCS（日産自動車）
1980	・VLSI ・64 K DRAM ・32 ビットマイクロプロセッサ（インテル IAPX-432）	**コンピュータの第 4 世代（VLSI）**	・NC の VLSI 化 ・第 3 次ロボットブーム	

年代	半導体関連技術	コンピュータ関連技術	工作機械・ロボット関連技術	その他
81		・FACOM-M 380 ・16 ビット用 OS, 　MS-DOS（アメリカ）	・ロボット保有7万台 　（日本）	
82		・PC-9801（NEC）		・東北新幹線営業開始
83	・256 K DRAM	・16 ビットマイコン		・実用通信衛星"さくら2号 a"打上げ
84	・32 ビットマイクロプロセッサ（モトローラ）			
85		・32 ビットマイコン		
86				
87				
88				
89	・4 M ビット DRAM製品化			
1990				
2000	・ULSI ・16M ビット DRAM	**コンピュータの第5世代（ULSI）** ・ニューロコンピュータ ・AI（人工知能）	・AI ロボット	・電気自動車 ・リニアモータ ・自動運転カー

　このような流れの中で，1959 年，トランジスタ方式によるコンピュータ（IBM 1401）が出現し，続いて，1960 年には，テキサスインスツルメント社，フェアチャイルド社から IC（integrated circuit）が発表され，以後，IC 方式によるコンピュータの第3世代へと進展した．そして，1970 年代に入り，1971 年には，マイクロエレクトロニクス（micro electronics）の発展によって4ビットマイクロプロセッサが開発され，続いて8ビットマイクロプロセッサが、出現した．これを機に，マイコン（マイクロコンピュータの略）時代を迎えることになったのである．

　小型・軽量・高性能・安価という特長をもったマイコンの出現により，メカトロニクスは急速に発展した．これは，コンピュータの中核部である CPU（central processing unit：中央処理装置）の容積，質量が，従来と比較して 1/100 以下という驚くべきほど小型化され，種々の分野でのコンピュータ化が可能となってきたためである．すなわち，機械の各部にマイコンを組み込むことによって機械のコンピュータ制御が安価に実現できるようになったのである．表 1·2 に，コンピュー

タの世代別の論理素子の特徴を示す．また，図 **1·6** に汎用コンピュータの基本構成を，図 **1·7** にマイコンの基本構成を示した．

表 1·2 コンピュータの世代と論理素子の特徴

項目 ＼ 世代	第 1 世代	第 2 世代	第 3 世代	第 3.5 世代	第 4 世代
論 理 素 子	真空管	トランジスタ	1C	LSI	VLSI
処 理 速 度	1 ms	1 μs	10 ns	1 ns	
素子の集積度	1	1	50 ～ 1000	1000 以上	10^5 以上
当世代のインパクト	ラジオ テレビ	トランジスタラジオ トランジスタテレビ	VTR 人工衛星	マイコン ロボット	VLSI 応用のメカトロニクス製品

〔**注**〕 LSI（large scale integrated circuit：大規模集積回路）
VLSI（very LSI：超 LSI）

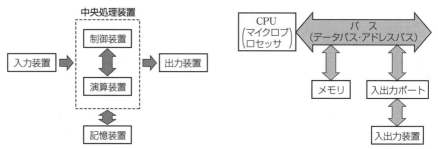

図 1·6 汎用コンピュータの基本構成　　　**図 1·7** マイコンの基本構成

　一方，機械技術の進歩の中で，メカトロニクスに貢献した技術は，精密加工技術であるといわれる．たとえば，半導体（LSI，VLSI など）の製造における微細加工や，磁気ディスク装置，CD，DVD，ファクシミリ，コピー機器などのメカトロニクス製品の部品製造での精密加工である．

1章 | 演習問題

1·1 次の ①〜⑩ に適語を入れ，文を完成させよ．

　　メカトロニクスという言葉は，（①）と（②）が合成された和製英語であり，その意味は，（③）機能と（④）機能が融合して，高度な（⑤）機能を遂行できるシステムと解釈されている．

　　（⑥）の技術で設計・製造され，運用される機械を電子機械と呼ぶ．これは，従来，機械的に構成されていた各制御部を，コンピュータ・（⑦）・（⑧）で置き換え，（⑨）機能や（⑩）機能およびプログラマブル機能などを備えたシステムとなっている．

1·2 一般の家庭生活で使われている電子機械の例をあげよ．

1·3 次の家電製品は何を制御しているか．関係のある制御内容を下の ①〜⑧ から選べ．

　（1）　電気冷蔵庫　　　（　）（　）（　）
　（2）　電子レンジ　　　（　）（　）
　（3）　ルームエアコン　（　）（　）（　）（　）
　（4）　全自動洗濯機　　（　）（　）

　制御内容　① 加熱時間　　② 一定温度の保持　　③ 送風量　　④ 使用水量
　　　　　　　　⑤ 自動除霜　　⑥ 熱交換器の温度　　⑦ 数分間の再始動防止
　　　　　　　　⑧ 水の透明度

1·4 メカトロニクス製品を，メカニズムとエレクトロニクスの融合の割合から4つの形に分類し，製品例をあげよ．

1·5 メカトロニクス誕生の要因の1つにマイクロコンピュータの出現がある．マイクロコンピュータのどのような点（特長）がメカトロニクスに貢献したか．

2

メカトロニクスの適用

　メカトロニクスの技術は，現在，多くの工業製品や新しいシステムに生かされている．本章では，このあと具体例としてカメラ，ミシン，自動車，鉄道をあげ，メカトロニクスの応用について調べるとともに，それが自動化，制御の高度化，信頼性の向上などに必要な技術であることを学習しよう．

2・1　カメラの自動化

　従来，カメラで写真撮影をする場合，焦点調節，絞り調節，シャッタスピードの調節などの一連の操作を，主として経験や勘に頼って行ってきた．したがって，カメラの取扱いにおいて，その性能を充分に引き出すためには，機構や動作を理解し，さらにかなりの経験がなければむずかしいことであった．

　しかし，最近，メカニズムで構成されているカメラの制御機構が，エレクトロニクスで置き換えられるようになり，この両者が融合した結果，全自動のカメラが出現した．そして，経験の浅い人にとっても，カメラを簡単に取り扱えるようになってきた．すなわち，カメラをメカトロニクス化することにより，焦点調節の自動化，絞りの自動化，シャッタスピードの自動化，ストロボの自動化など，制御機能の高度化が図られたわけである．

　こうして，ユーザからみると，カメラの操作性や信頼性が一段と向上したことになったのである．

1.　カメラの機構

　カメラは，シャッターや撮像素子（CCD または CMOS 素子）を収納する本体と，撮像素子上に被写体の像をつくるためのレンズから構成され，これにファイン

ダなどが付加されている.

図 2·1 は，カメラの構成を示したもので，以下に，図中の A ～ G について簡単に述べる.

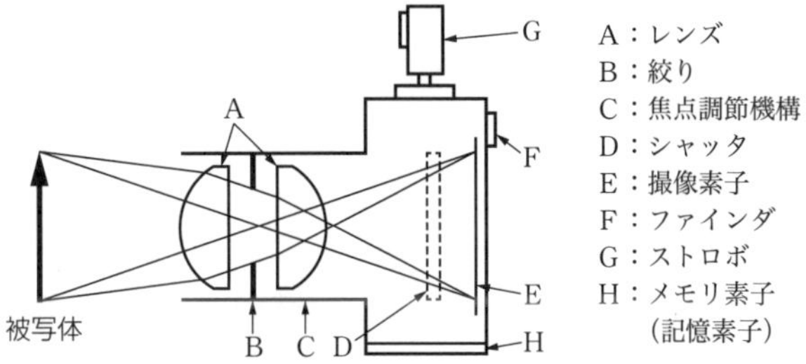

A：レンズ
B：絞り
C：焦点調節機構
D：シャッタ
E：撮像素子
F：ファインダ
G：ストロボ
H：メモリ素子（記憶素子）

被写体

図 2·1　カメラの構成

A：撮影レンズで，被写体からくる光線を集め，撮像素子面上に結像させる.

B：レンズから通過してくる光線の量を制御する絞りであって，これは薄い羽根を何枚も重ねて大きさの調整ができる穴をつくり，光量を可変する構造になっている.

C：焦点調節機構で，レンズを前後に移動させることによって，焦点の調節ができる.

D：シャッタ部分で，撮像素子に光線が当たる時間を制御し，B の絞りとともに露出制御を行う.

E：撮像素子．光の強弱や色を記録する.

F：ファインダ部分で，撮影画面とほぼ同視野となっていて，被写体の写る範囲を知ることができる.

G：ストロボの部分で，室内や逆光での撮影の補助光として用いる.

ここで，カメラの動作を理解するために，図 2·2 に一眼レフレックスカメラの例を示す.

一眼レフレックスカメラは，撮影レンズに入射した光線をミラーで反射させ，接眼レンズに被写体の映像を映して，焦点と写す範囲を決めるものである．自動露出を行うには，撮影レンズを通った被写体の明るさを計測する．そのため，カメラの内部に受光素子を置いて入射光を受ける

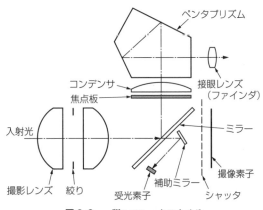

ペンタプリズム

コンデンサ
焦点板

接眼レンズ（ファインダ）

入射光

ミラー

撮像素子

撮影レンズ　絞り
受光素子
補助ミラー
シャッタ

図 2·2　一眼レフレックスカメラ

方法がとられている．そして，撮影の際にシャッタボタンを押すと，ミラーが跳ね上げられ，シャッタが開かれて撮像素子が露光される．

2. カメラの機能

　一般に，写真撮影を行う場合，図2・3のような手順でカメラを操作するが，最近では，被写体に向けてシャッタを押すと，ファインダの中央部にある被写体に対して自動的に距離を測定し，ピントが合ってからシャッタが切れる**AF**（automatic focusing：自動焦点合わせ）機能をもつカメラが多くなっている．また，被写体の明るさをカメラに内蔵してある露出計で測り，常に標準的な状態になるように，絞りとシャッタスピード（露光量）を自動調節する**AE**（automatic exposure：自動露出調整）機能をも備えている．とくに，小型化した35ミリ判の中級カメラを一般に**コンパクトカメラ**（compact camera）と呼び，被写体に向けてシャッタボタンを押すだけの全自動となっている．つまり，AF機能やAE機能，被写体の明るさを感知して自動発光する内蔵ストロボ，撮影した日付けを記録するデート機能などを備えている．

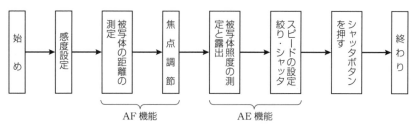

図2・3　カメラの操作手順

　（**1**）　**AF機能**　カメラのAF機能における距離の測定方法には次の4つがある．
　①　撮影レンズと連動した可動ミラーを調節して固定ミラーの像と一致する位置を求め，焦点を合わせる二重像合致式．
　②　超音波を被写体に当てて，反射に要する時間から距離を測定する超音波送受信式．
　③　撮影レンズに入射する光束を2つに分けて検出する位相差検出式．
　④　ピントが合っているときもっとも明暗が高いことを利用するコントラスト検出式．
　ここでは，一眼レフレックスカメラに応用されている位相差検出式の原理につい

て述べる.

　図 2·4 は，位相差検出式による自動焦点の原理を示したもので，これは撮像素子の後方にレンズブロックを配置し，被写体の像を CCD（charge coupled device）イメージセンサ（受光素子）上に結像させる方法である．あらかじめ焦点合致状態における撮影レンズの位置，CCD イメージセンサ面の 2 つの光束間隔，すなわち CCD の A，B の出力を測定しておけば，それより光束間隔が広いか狭いかで，撮影レンズが前ピント状態なのか，後ピント状態なのかを確実に判別することができる．したがって，常に焦点が合う方向にモータを制御できる.

　このモータはカメラに内蔵され，小型のサーボモータや超音波モータなどが用いられている.

　なお，CCD イメージセンサは，図 2·5 のような構造をもち，シリコンチップ基

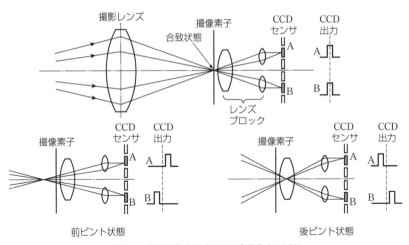

図 2·4　位相差検出方式による自動焦点の原理

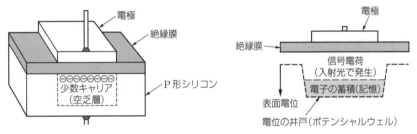

図 2·5　CCD イメージセンサの基本構造

板表面の絶縁膜の上に電極を
つけた半導体素子である．信
号電荷の，記憶，転送，格
納などの特性をもち，表2·1
に示すような用途がある．

（2）**AE機能** AE機能
に必要な制御には，絞りの自
動制御とシャッタ速度の制御
があるが，ここでは，絞り優
先方式における電子シャッタ
について述べる．図2·6に，
シャッタ速度制御の原理を示す．

表2·1 CCDイメージセンサの用途

CCDのタイプ	用途
リニア イメージセンサ	〔画像処理〕 ファクシミリ，コピー機，POSハンドスキャナ 〔計測機器〕 寸法計測：きず・汚れなどの欠陥検査，管径測定，物体形状判別，液面レベル検査 位置計測：パンチホール検出，ピンホール検出 距離計測：カメラのAF
エリア イメージセンサ	テレビカメラ，ビデオカメラ，モニタ装置

　図に示すように，シャッタ羽根には先幕と後幕があり，先幕は撮像素子の露光を
開始し，後幕はそれを遮断するためのものである．シャッタボタンが押されると，
先幕のクランプレバーがはずれ，ばね1によって可動し，撮影レンズを通過した入
射光で撮像素子の露光が開始される．

　これと同時に，積分コンデンサCを短絡していたスイッチS_2が開くので，Cに
はCdS（硫化カドミウム）セルを通して電荷が充電される．なお，充電に要する

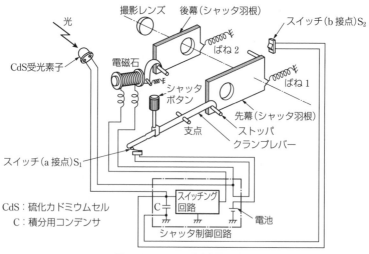

図2·6 シャッタ速度制御の原理

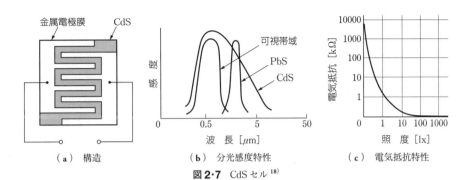

（a）構造　　　　（b）分光感度特性　　　　（c）電気抵抗特性

図 2・7 CdS セル[18]

時間は，被写体照度の関数で，明るい部分は短時間で充電され，暗い場合は長時間かかる．そして，C の両端の電圧がある定められた値に達すると，スイッチング回路により，これまで後幕を保持していた電磁石がオフ

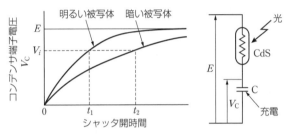

〔注〕 E：電源電圧，V_i：スイッチング回路の動作電圧

図 2・8 充電電圧特性

となり，後幕はばね 2 の力で引っ張られて露光を終了する．

　CdS セルは，硫化カドミウムなどの半導体に光が当たると電気抵抗が変化する現象を利用した光電素子で，図 2・7 に，その構造，特性を示す．また，C の充電特性を図 2・8 に示す．

2・2 | ミシンのメカトロニクス化

1. 電子ミシン

　ミシンは，かつてペダルを足で踏んで動力を伝動する足踏みミシンが主流であったが，高度成長期にはこれに代わり，動力源にモータを利用した電動ミシンが普及した．そして，動力や伝動機構を自動化させた現代においては，縫製加工後の品質を高めることが要求されるようになり，マイクロコンピュータを内蔵した電子ミシンが出現した．その結果，誰でも品質の高い縫製加工ができるようになったので

ある.

従来のミシンは，ベルト伝動の機構やカム，はずみ車，プーリ，クランクなどによるメカニズムで制御機構が構成されていたが，センサなどのエレクトロニクスの技術による制御機構に置き換えられ，さらに，マイクロコンピュータを取り入れることにより，完全に自動化されるようになった．すなわち，電子ミシンは，前述したメカニズムとエレクトロニクスをうまく融合した共存形メカトロニクス製品なのである．

縫製加工業務用，家庭用を問わず，また老若男女を問わず，誰が取り扱っても既製品のものと遜色のない品質の高いものが加工できる電子ミシンは，多くのセンサ（検出器）の働きによるところが大きい．すなわち，電子ミシンは，自動化の技術と，センシング（検出方法）の技術が生きている製品といってよい．

以下に，電子ミシンのセンシング機構についての概要を述べる．

2. センシング機構

（1） 電子ミシンに用いられるおもなセンサ 図 2・9 は，一般家庭用として普及している電子ミシンの概略をセンサの配置を中心に示したものである．

① **上糸切れセンサ** 光センサであるフォトインタラプタを用いて，上糸の有無を検出するセンサ．

② **布厚センサ** 布の厚さを計測するために，布の厚さ方向の動きを上糸の移動量に換え，ポテンショメータで検出するセンサ．

③ **布端検出センサ** 縫い始めまたは縫い終わりを計測するために，布の端を反射形（投光・受光をもつ）の光センサで検出する．

④ **下糸検出センサ** 下糸検出 LED（発光ダイオード）で投光し，糸の有無を受光センサで検出する．

なお，以上のような各種センサで検出された信号は，制御用ユニット基板に装着されているマイクロコンピュータに入力され，判断・処理されて，ミシン全体の動きを制御することに用いられる．

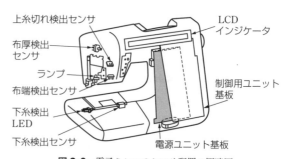

図 2・9 電子ミシンのセンサ配置の概略図

（2） 光センサによる柄合わせ 繊維産業界で用いられている業務用ミシンの柄合わせの原理を図 2·10 に示す.

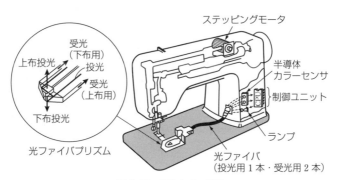

図 2·10 柄合わせの原理

まず，図に示す制御ユニット内のランプに接続された光ファイバによって布地に光を当てる. この場合，光ファイバプリズムは上布と下布を同時に照射する. そして，その反射光は，プリズムによって上布・下布用に分離されて，それぞれの受光用光ファイバを通り，カラーセンサ（400 〜 1200 nm 程度の光の波長に応答するセンサで，これによって物体の色の検出が可能となる）に送られる. 次いで，送られてきた光は，カラーセンサによって柄合わせ信号に変換され，マイクロコンピュータに入力される. さらに，入力された柄合わせ信号は，3 個の CPU（中央処理装置）で高速処理され，上布と下布の柄のずれを計算し，そのずれを補正する信号がステッピングモータに送られる. そして，上送り量を補正制御することで自動的に柄合わせを行うことができる.

2·3 | 自動車のメカトロニクス化

自動車は，エンジン，動力伝達装置，制御装置，懸架装置，かじ取り装置，車体，電装部品などから成り立っており，これらの装置は，従来，機械式の制御機構であった. しかしながら，1976 年，アメリカの GM（ゼネラルモータ社）が，エンジンの点火系統の制御にマイコンを用い，以後，自動車部品は，マイコンや LSI などを用いた制御装置，いわゆるメカトロニクス化された装置を導入し，高度な制御ができるようになった.

1. 現在の自動車

今日では，自動車の各装置にメカトロニクスが適用され，性能の向上，低公害化，快適性などが図られている．

図 2・11 は，自動車各部の制御にメカトロニクスを適用した例を示したもので，これらの概要は次のようである．

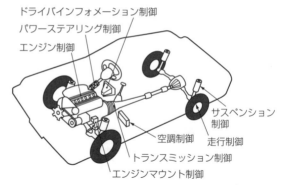

図 2・11 自動車のメカトロニクス適用個所 [2]

（1）**エンジン制御** 自動車のエンジンは，運転状態がひんぱんに，しかも大幅に変わることが特徴である．運転性能の向上や排気ガス規制を満たすためには，空燃比，点火時期，排気ガス還流（exhaust gas recirculation：EGR）率などを制御する必要があり，しかも，これらはたがいに干渉し合い，高速の応答や高精度の制御が要求される．

したがって，従来の機械式では充分な制御ができなくなり，マイコンや電子制御装置の必要性が高くなってきた．図 2・12 にエンジン制御の原理図を示す．

① **空燃比制御装置** エンジンに吸入される空気量に対する燃料量の割合を**空燃比**（air-fuel ratio）というが，この空燃比をコントロールする装置を空燃比制御装置という．

従来，空燃比の制御は，機械式の気化器（carburetor）で行われていたが，排気ガス規制に対応させるには不充分となり，現在では，マイコンを使って時々刻々変

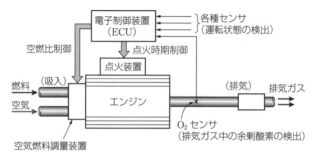

図 2・12 エンジン制御

化するエンジンの運転
状態に対応させた制御
装置により，最良の空
燃比を得ている．この
制御装置を**電子制御装**
置（electronic control
unit：ECU）という．

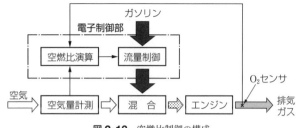

図2·13　空燃比制御の構成

　また，空燃比は，排
気ガス中の有害な成分であるCO，HC，NO$_x$（三元）の濃度の影響を大きく受け
るため，これらの成分を触媒反応によって浄化させ（三元触媒），空燃比を理論空
燃比（空気質量／ガソリン質量≒14.8）付近に精度よく制御させる必要がある．こ
のため電子制御装置が採用されるようになった．

　図2·13は，燃料噴射方式エンジンにおける空燃比制御の構成を示したものであ
るが，電子制御部分は，燃料流量制御部と空燃比演算部とから構成されている．

　②　**排気ガス還流制御装置**　排気ガスの一部を吸気系に戻し，混合気が燃焼する
ときの最高温度を低くしてNO$_x$（窒素酸化物）を低減する装置で，制御はスロッ
トルバルブ付近の負圧や排気管内の排気圧によって制御されるコントロールバルブ
（EGRバルブ）によって行われる．

　③　**点火進角制御装置**　進角装置の一種で，**点火時期**（ignition timing）の制御
を行う装置である．**ESA**（electronic spark advance）と略されている．

　この制御装置は，エンジンの回転速度・吸入空気量などを検知し，最適点火時期
を決定し，点火のタイミングを電気信号として出力するものである．

　点火時期は，スパークプラグ（spark plug）から電気火花を飛ばすタイミングの
ことで，圧縮行程の終わりごろに動作するようになっている．これは，高速回転し
ているエンジンにおいては，圧縮行程が終わってピストンが上死点にあるときに点
火すると，混合気の圧縮比が低いために爆発力が小さくなり，逆に，タイミングが
早すぎるとエンジンを損傷する恐れがあるからである．したがって，ピストンが上
死点に達する少し前に点火する（点火進角）必要があると同時に，エンジンの回転
速度に合わせて制御する必要がある．

　従来，エンジンの回転速度と負荷に対する点火進角の制御は，カムと接点の機械
的な位置関係を変化させる配電器と呼ばれるもので行われていたが，現在は，図
2·14（a）に示すような複雑な点火進角値が得られるエンジン電子制御が実用され

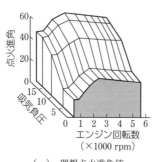 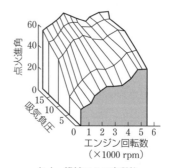

（ａ）理想点火進角値　　　　　　（ｂ）機械による実現値

図2・14 点火進角の例 [15]

ている．

　なお，燃料噴射方式のエンジンでは，スロットルバルブの開度，エンジンの回転速度，吸気管の圧力やラジエータ（radiator：放熱器）の水温などの情報をもとに，エンジン電子制御装置によって燃料の必要量と点火時期を決定している（図2・15）.

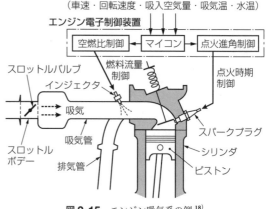

図2・15 エンジン吸気系の例 [18]

　このように，最近の自動車では，燃料消費率を改善したり，汚染物質の排出を減らしたりするなど，高効率化・低公害化が図られるようになってきた．

（**2**）　**パワーステアリング制御装置**　エンジンによって駆動される油圧ポンプの油圧で，ステアリングホイールの操作力を軽くする装置を**パワーステアリング**（power steering）**制御装置**という．機能によって車速感応形と回転数感応形に分けられる．

（**3**）　**ドライバインフォメーション制御装置**　これは，車速やエンジン回転数などのゲージ類のデジタル化やグラフの表示装置である．具体的にいえば，オドトリップメータの電子表示化，運転時の走行位置や方向を演算して地図上に表示するナビゲーション装置，走行距離，燃料消費量，平均車速，平均燃費，時間など走行に関した情報の集中表示，あるいはエンジン温度，油圧，ランプの断線や半ドア，

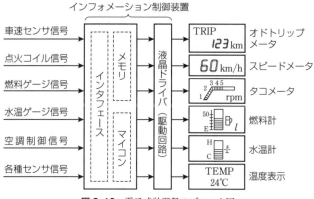

図2·16 電子式計器盤のブロック図

キーの抜き忘れ，駐車ブレーキの戻し忘れなど，ドライバの不注意に関する警報を
ランプで表示したりブザーなどで知らせる装置である．

　これらの情報の処理は，すべてマイコンや各種電子回路によって制御されてい
る．図2·16に，電子式計器盤のブロック図を示す．

（**4**）　**空調制御装置**　車室内の温度，湿度，空気の洗浄度や流れ，窓の露，霜を
除くなど，乗員の好む最適な環境状態に制御する装置である．

（**5**）　**エンジンマウント制御装置**　これは，エンジンから車体に伝わる振動の
騒音や加減速のショックを少なくするため，アクセルの開度や変速信号，エンジン
の回転速度の信号をセンサで検出し，マイコンによって**エンジンマウント**（engine
mounting）のばね定数と減衰力とを変える装置である．エンジンの振動を車内に
伝えないためには，エンジンマウントは柔らかいほうがよいが，回転速度の急激な
変化に対するエンジンの揺れを防ぐには，ある程度の硬さが必要である．エンジン
マウント制御装置というのは，これを両立させるように設計されている．

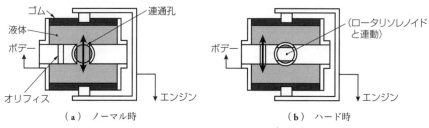

図2·17　エンジンマウント [15]

　なお，エンジンマウントは，図2・17に示すように，液体を満たした上下の部屋を結ぶ連通孔をロータリソレノイドで制御する機構である．

　（6）　トランスミッション制御装置　トルクコンバータ（torque converter）と歯車とを組み合わせた変速機において，車速，エンジンの回転速度，アクセルの操作量などの走行状態に応じて最適な変速比を求め，きめ細かい制御を可能にする装置を**トランスミッション**（transmission）**制御装置**という．

　（7）　走行制御　これには，クルーズコントロール（cruise control），スキッド（skid）制御装置などがある．

　①　クルーズコントロール　希望する速度にセットすると，ドライバがアクセルを操作しなくても，速度センサの情報をもとに，一定の速度を維持して走行させる定速走行装置である．また，最近では，車速制御に加えて車間距離を制御するシステムもある．これは，先行車との車間距離をセンサで検知し，マイコンによってスロットルとブレーキを制御し，安全な間隔を保って追随走行ができるようにしたものである．

　②　スキッド制御装置　濡れた路面などで急制動をかけると，車輪が固定され，横すべりをする．これを防止するため，車輪の回転速度や車輪の対地速度などを検知し，ブレーキを緩めたり締めたりする繰返し操作を行い，ステアリングの操縦性能を確保する制御装置である．

　（8）　サスペンション制御装置　車体と車輪の間にあって，車体を支えている空気ばねの硬さや緩衝器（shock absorber）のオイルの流れを走行状態に応じて制御する装置を**サスペンション**（suspension）**制御装置**という．すなわち，高速走行や悪路走行・急旋回のときに，車速センサ，ハンドル角センサ，スロットル開度センサなどからの情報により，サスペンションを自動的に硬くし，操縦の安全性を向上させたり，また高速走行時には空気ばねの圧力や容積を制御し，車高を低くして風の抵抗を小さくするとともに安定性を向上させたりする．図2・18に，サスペンション制御

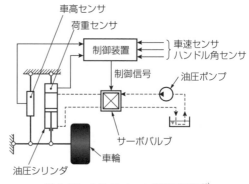

図2・18　サスペンション制御の原理[15]

の原理図を示す．

（**9**）　**トラクション制御**　トラクションとは，エンジンと駆動系によってつながれたタイヤのトレッドと路面との間に働く車輪を駆動する力のことで，駆動力またはけん引力という．**トラクション**（traction）**制御**は，雨や水雪道，砂利道などすべりやすい路面での発進，加速，曲線走行時など，過剰な駆動力によって駆動輪のむだな空転を防ぐようにコントロールするものである．

図 **2·19** は，トラクション制御システム（traction control system）の例で，燃料の噴射量，点火時期，スロットルバルブなどの制御を行ってエンジンの出力を下げ，駆動力を小さくする方式である．このシステムでは，エンジンの出力の制御として，エンジン電子制御装置に加えて，スロットルバルブをステッピングモータ（stepping motor）で駆動する方法をとっている．

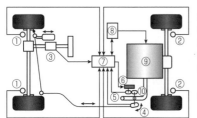

① 従動輪センサ
② 駆動輪センサ
③ ステアリング角センサ
④ アクセル角センサ
⑤ スロットルボデー
　（センサ付）
⑥ ステッピングモータ
　（アクチュエータ）
⑦ トラクション制御システム
⑧ エンジン電子制御装置
⑨ エンジン
⑩ 吸気管

図 2·19　トラクション制御システムの例

トラクション制御システムは，図 **2·20** のように，次のような制御を行うことができる．

①　**加速制御**　センサが前輪・後輪の速度差すなわち車輪の空転を検出して，すべりやすい路面での発進・加速の制御を行う．

②　**操縦定性制御**　湿地路面での曲線走行時に，前輪の左右速度差のずれを計算し，安定したコーナリングを実現できるように出力制御を行う．

③　**グリップ制御**　摩

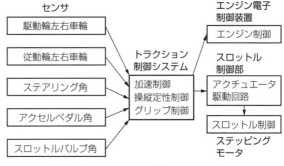

図 2·20　トラクション制御システムの流れ

擦力の大きい路面における曲線走行時に，前輪の速度センサからの情報をもとに車輪に生じる前後方向の加速度，横方向の加速度を算出して，タイヤにかかるグリップ（grip）力（タイヤが路面をつかむ力）の制御を行う．

したがって，このシステムは，駆動輪の左右車輪センサ，従動輪の左右車輪センサからの情報，およびステアリング角，アクセルペダル角，スロットルバルブ角の各センサの情報を入力し，加速・操縦定性・グリップ制御を行うものである．

（10）**制御システム** マイコンを自動車に搭載し，エンジン性能の向上や低公害化が図られるようになったことは前述したが，各自動車メーカでは，独自に開発した制御システムを実現している．図 2・21 は，コンピュータ制御システムの一構成例を示したものである．

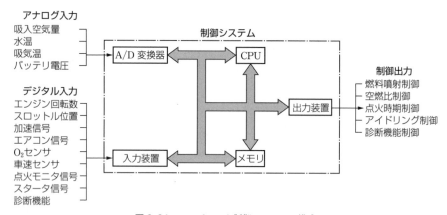

図 2・21 コンピュータ制御システムの構成

同図の構成では，燃料噴射方式をベースにして，点火時期制御・空燃比制御およびアイドリング（idling）回転速度（エンジンが空転している状態で，回転速度はエンジンが安定して回転できる最低限に抑えられている）の制御を，1つのマイコンで行い，同時にメモリ機能を活用して自己診断をも行っている．また，エンジンの適合条件の見直しによって，EGR（排気ガス還流）制御が不要となっている．

図 2・22 に，エンジン制御システムの具体的な回路図を示す．同図の電子制御装置に用いられているマイコンには，リアルタイム処理能力を大幅に向上させた 12 ビット CPU を採用し，燃料噴射制御，点火時期制御，アイドリング回転速度などのエンジン電子制御と，オートマチックトランスミッション（automatic transmission：自動変速機）制御とを一体化して，1つの CPU で制御する駆動系

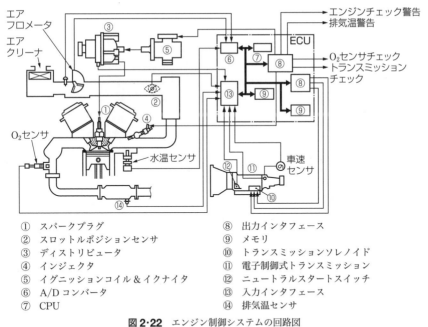

① スパークプラグ
② スロットルポジションセンサ
③ ディストリビュータ
④ インジェクタ
⑤ イグニッションコイル＆イクナイタ
⑥ A/D コンバータ
⑦ CPU

⑧ 出力インタフェース
⑨ メモリ
⑩ トランスミッションソレノイド
⑪ 電子制御式トランスミッション
⑫ ニュートラルスタートスイッチ
⑬ 入力インタフェース
⑭ 排気温センサ

図 2·22 エンジン制御システムの回路図

の制御システムとなっている.

2. 電気自動車

近年，温暖化現象による気候変動が大きな問題となっている．その対策として，国際会議では各国のエネルギ事情や経済力をもとに，CO_2 排出ガスなどの基準を設け，それを守るよう定められている．わが国においても，その基準にもとづいて，産業界の協力が求められてきた.

とくに自動車産業も例外でなく，従来のガソリン車やディーゼル車に代わり，排気ガスを出さない**電気自動車**（electric vehicle：EV）の普及をめざして，研究・試作・実験が続けられている.

そして現在，電気自動車の性能を左右するバッテリの開発が推し進められ，走行性能が飛躍的に高まってきた．ある自動車メーカでは，リチウムイオン電池を用いた電気自動車を 2010 年に販売を開始している.

ここでは，電気自動車の概要について簡単に解説するとともに，動力の主要なモータについて述べる.

（ 1 ） **電気自動車の概要**

電気自動車の動力系統は，おもにバッテリ，モータおよび制御装置であり，その他の変速装置や差動装置は前述したガソリン自動車とほとんど同じである．図 2·23 は，電気自動車の簡単な構成である．

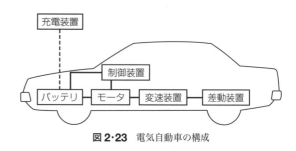

図 2·23 電気自動車の構成

図において，充電装置は外部の電源で，直流を電気自動車のバッテリに充電する．バッテリは現在，効率のよいものが研究されているが，とくにリチウムイオンバッテリは，リチウムのイオン化傾向が大きく，起電力も大きくとれる利点があり，軽量，重量当たりのエネルギー密度が高いものである．

モータはエンジンに相当するもので，バッテリから送られた電気エネルギーを駆動力に変換する．電気自動車に用いられるモータにも各種のものがある．制御装置は電子回路で製作され，バッテリからモータに送る直流電流を，アクセル操作に準じて交流電源をつくり出す（変換する）装置である．

（ 2 ） **電気モータの原理**　従来のガソリンレシプロエンジンは，シリンダ内のピストンの上下運動をクランク機構によって回転運動に変換していた．

一方，電気モータは回転運動そのものであり，モータの回転速度の増減によって車速を容易に変えることができる．モータの回転原理は，図 2·24 のように，回転軸（ロータ）を永久磁石でつくり，その周囲を電磁石（コイル）で囲んでいる．

いま，図（a）のように，電磁石 A（ステータ）に電流を流して N 極にすると，ロータの S 極が引き寄せられる．同時に電磁石 C を S 極にすればロータの N 極が

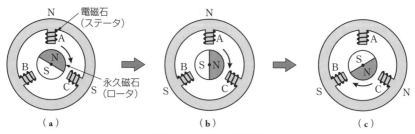

図 2·24　モータの回転原理

引き寄せられ，ロータは右回転する．次に図（b）のように，電磁石BをS極にすることで，ロータのS極は電磁石Bと反発し合い，同時に電磁石Aに引き寄せられる．この繰返しを行うことで，つねにロータは一方向に回転する．

このように，ロータを2極，外周の電磁石を3極という配置にすることで，ロータ回転が120度ごとに，吸引と反発を繰り返し，三相交流モータと同じ原理となる．

また，回転をスムーズにするため，ロータはこの倍数の極を，電磁石は3の倍数の極を設ければよい．

図2·25（a）に，ロータ8極，電磁石12極のモータの構造例を示す．また図（b）に具体的なモータの例を示す．

同図（a）は，ステータ側に電磁石が3の倍数で並ぶ，多極型の同期モータの例である．これは，ロータとステータの間に生じる磁界の速度を制御し，電

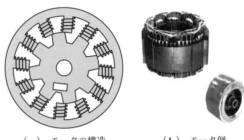

（a）　モータの構造　　　（b）　モータ例
図2·25　電気自動車の構造例

磁石の極（NとS）の切替えを早く行うことで，ロータの回転速度が高くなる．また，電磁石はコイルに流す電流の向きを反転させれば，極のN，Sも反転する．同じ電磁石をN→N→休→S→S→休……と連続的に極の変換をつくり出すことによって，スムーズにモータのロータを回転させることができる．

（3）　モータ制御に必要なインバータ　電磁石の電流の向きも瞬時に変える制御装置が**インバータ**（inverter）である．図2·26に示すインバータによる三相モータの制御は，自動車のバッテリなどの直流をインバータ回路によって変えて交流三相電源をつくり，それを三相モータに供給して回転させるものである．モータの回転速度は，コントローラがつくり出す信号B_1〜B_6を，インバータ回路の各トランジスタのベースB_1〜B_6に加えることにより，三相電源の周波数を連続的に変えて，三相モータの速度制御を行っている．

また，インバータ回路に過電流が流れたり，直流回路の電圧が異常に上がったり，出力電流が急に大きくなるなどの異常が生じたときの保護機能のため，過電圧・電流や過負荷電流等の検出センサを備えている．

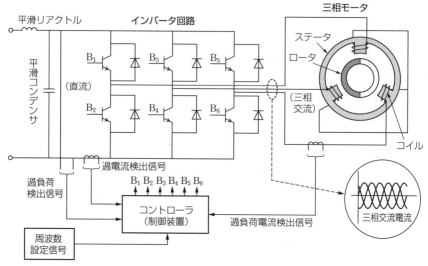

図2·26 インバータによる三相モータの制御

3. ハイブリッド自動車

　今日，電気自動車の性能が向上し，とくに走行距離が一度の充電で長くなるまでの間をつなぐ自動車として，開発され実用化しているものに**ハイブリッド自動車**（hybrid car）がある．これは，おもにガソリンエンジンとモータの2種類の電動機を備えている．

　（1）　パラレル方式　ガソリンエンジンおよび電気モータの動力に対して，エンジン部とモータ部を切換えて自動車を駆動する方法と，両方の動力を同時に使う方法がある．

　一般に，自動車が発進するときはモータの動力を使い，走行時はエンジンに切換えて走行する場合が多い．また，自動車の性能の効率をコンピュータが計算し，最適な条件で走行するよう，自動的に切換えが行われている．さらに，生活道路では

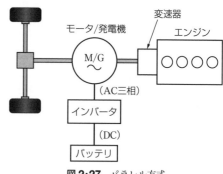

図2·27 パラレル方式

モータを駆動し，一般道や専用道路ではエンジン駆動で走行できる．図 2·27 にパラレル方式の概要を示す．この方式では排出ガス中の有害物質は比較的少ない．

　（2）　**シリーズ方式**　自動車の走行はモータによって駆動力を得る方式がある．エンジンに直結した発動機によって得られた電力をインバータに送り，再度インバータから三相交流をモータに供給して駆動力を確保する．この方式では，もっぱらモータによって駆動力を得るので，モータには出力の大きいものが必要である．

また，エンジンは効率の
よい運転状態で発動機の
電力を得るため，排出ガ
スによる有害物質は少
なくできる．図 2·28 に
シリーズ方式の概要を示
す．

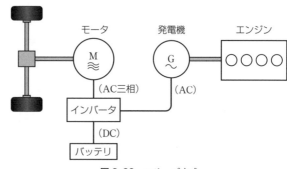

図 2·28　シリーズ方式

　（3）　**シリーズ・パラ
レル方式**　自動車の走行
状況に応じて，シリーズ
方式とパラレル方式を同時に駆動させたり，個
別に使い分けたりすることが可能である．自動
車の発進や低速走行時は，モータで駆動力を得
て，高速走行時にはエンジンで駆動力を得て走
行する．シリーズ方式とパラレル方式の長所を
組合せることで，ガソリンの消費量を少なくで
き，排出ガスによる有害物質も低減することが
できる．図 2·29 にシリーズ・パラレル方式の
概要を示す．

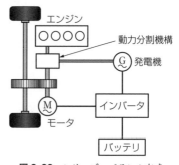

図 2·29　シリーズ・パラレル方式

2·4　鉄道の自動化とリニアモータカー

1.　鉄道の自動化

　鉄道技術は，長い歴史の中で発展してきた．なかでも，昭和 40 年代のエレクトロニクス技術の導入は，鉄道の自動化に大きく貢献した．とくに，電気車において

水銀整流器をシリコンダイオードに置き換えたことや，電気車の駆動用主モータへの印加電圧を制御するために大容量のサイリスタ（thyristor）を用いた**パワーエレクトロニクス**（power electronics）化，すなわち半導体素子の実用化は，鉄道車両の自動化に大きく貢献した．これにより，ブレーキ時に，車両のもつ機械的エネルギーを電気的エネルギーに変換して，電源側に返還する電力回生制御の採用も容易となった．

（ 1 ）　**自動列車制御**　車両を制御する装置の中でもっとも重要なのが保安装置であり，その代表的なものに**自動列車制御**（automatic train control：ATC）がある．

列車の運行においては，先行列車との衝突や脱線の事故を防止するために，先行列車との相対間隔や，線路の曲率，こう配，分岐器，工事などの線路状況に応じて，列車速度を制御しなければならない．また，当然ながら，停車駅に進入する場合には，速度を低下して停車させなければならない．現在，新幹線で採用されている自動列車制御すなわち ATC は，列車速度の制御と制限速度の情報を運転室に送るとともに，定められた制限速度を車速がこえたとき，自動的にブレーキがかかる保安システムとなっている．

図 2・30 は，新幹線の ATC の軌道回路例を示したもので，1.5 km ごとにレールを電気的に絶縁させた軌道回路を隣り合わせ，計 3 km の区間を閉そく区間としたものである．閉そく区間とは，その区間に列車が入っていると他の列車が原則として進入できない区間をいう．また，軌道回路には，制限速度に対応する信号電流を流して，車上装置の受信器でこれを受信できるようになっており，各軌道回路の信号は，地上送信器より発信され，地上受信器によって受信される．送信器の動作は，隣接軌道回路の受信器によって制御される．

したがって，自動列車制御というのは，同図のように，先行列車がある閉そく

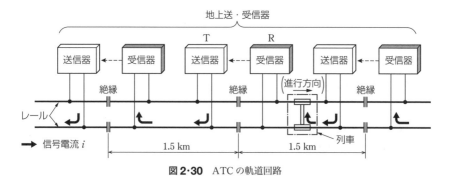

図 2・30　ATC の軌道回路

区間に入ると，レール間が短絡されるので，受信器 R は信号電流を受けなくなり，列車の進入が検知される．そして，この情報をもとに，後方区間の制限速度が定められ，送信器 T によって流れる信号電流 i が自動的に変化するようになっているのである．

次に，ATC の作動原理を具体的に述べる．図 2·31 に示すように，先行列車がいると，地上受信器から送信器にその情報が伝えられ，この情報をもとに，変調された信号電流が後方区間のレールに流れる．また，車上では，列車の最前部車輪の前にアンテナ（受信コイル）を取りつけ，これによって軌道を流れる変調電流を受信する．そして，この受信信号は，車内信号として運転室に表示され，同時に，信号に対応する制限速度を基準として速度制御が行われる．

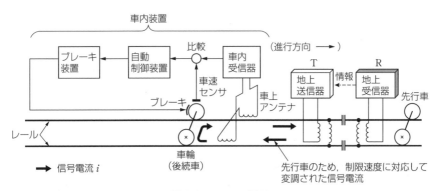

図 2·31 ATC の原理

以上のことからわかるように，ATC では，車輪の回転速度を**速度計用発電機**（tachometer generator：**タコメータ**と呼ばれる）などの速度センサで検出し，これが制限速度と比較され，高ければブレーキを動作し，それ以下になればブレーキを緩くするように働くのである．

新幹線の ATC における制

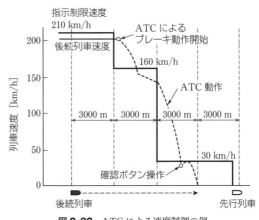

図 2·32 ATC による速度制御の例

限速度は，曲率のきつい線路区間，工事などによる臨時の区間，駅における分岐器を通過する区間などにより，数段階の速度に分けられ，使用されている．

図2·32は先行列車の存在による停止の場合の速度制御の例を示したもので，指示制限速度の30 km/hの区間に入ると，運転士が確認ボタンを押さなければ列車は停止し，確認ボタンを押せば時速30 km/h以下の速度で先行列車へ接近することができるようになっている．

（2）　**自動列車運転**　ATCとは異なり，加速・制動・停車などの運転全般の自動化を図る運転操作を**自動列車運転**（automatic train operation：ATO）という．現在，ATOは，神戸・福岡などの地下鉄，大阪の中量軌道輸送システムに広く採用されている．

ATOを採用している路線では，列車群管理用のコンピュータシステムを導入し，車両に搭載されたATO装置と無線で結合されている．また，地上の管理用コンピュータシステムは，鉄道全体の輸送効率の向上を目的に，駅の停車時間・駅間の走行速度を決定し，この指令にしたがってATO装置は車両を制御している．

以上のほか，車内における自動放送の制御を行ったり，車両に搭載されている各種の機器類の動作を監視するなど，ATO装置の機能はますます高度化しつつある．また，これらの自動化に対応してマイコンの利用も大幅に採用されるようになってきた．

このように，鉄道の自動化は，安全走行・輸送効率の向上をめざして発展しつつあり，鉄道技術において，とくに機械工学とエレクトロニクス分野の技術，すなわちメカトロニクスは必要かつ重要なものとなっている．

2.　リニアモータカー

リニアモータカー（linear motor car：和製英語，略語リニア）は，現在JR東海で実験走行を行っている．開発されているリニア新幹線は，時速500 km/h以上をめざしている超伝導磁気浮上システムと呼ばれ，その実用化に向けて研究がなされている．

（1）　**超伝導材料**　一般に金属（銅，鉛，銀など）の導電体は，温度が上昇するとともに，電気抵抗が増加し，Se，Si，Geなどの半導体は，逆に電気抵抗が減少する傾向がある．しかし物質の中には，ある温度に達すると，急に電気抵抗がゼロになるものがある．これらの物質は超伝導材料と呼ばれている．また，このときの温度を臨界温度という．超伝導材料には，ゲルマニウム（Ge），ニオブ（Nb），水

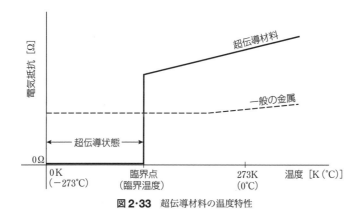

図2·33 超伝導材料の温度特性

銀（Hg）などがある．超伝導材料の電気抵抗の温度特性を図2·33に示す．

同図からわかるように，臨界温度以下で超伝導材料の電気抵抗がゼロになることから，大きな電流を流しても電力消費がないため，強力な電磁石をつくることができる．したがって，磁気浮上式リニアモータカーでは，車両の中に超伝導材料でつくった電磁コイルを用いて，強力な電磁石で浮上させている．

（2）リニアモータカーの原理　超伝導磁石を用いる磁気浮上式の軌道には，リニア同期モータが用いられている．これは，移動磁界中に磁石を置くと，磁石が同期速度で移動する．この磁石に超伝導磁石を利用したのがリニアモータカーである．車両に搭載した超伝導コイルの電磁石が，地上からの浮上と同時に，推進コイルの相互作用で，高速走行する．

図2·34に走行・浮上原理を示す．図(a)において，走行電磁石に三相交流を供給して移動磁界を発生させ，これと超伝導磁石との間で車体は同期速度で走行でき

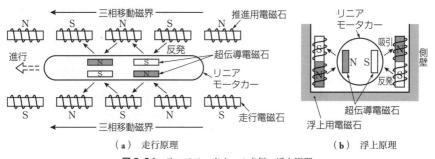

（a）走行原理　　　　　　　　　　（b）浮上原理

図2·34 リニアモータカーの走行・浮上原理

る．三相交流の周波数を変化させれば，移動磁界の速度も変化するので，リニア
モータカーの速度制御ができる．

同図（b）では，車体の超伝導磁石が高速で移動すると，側壁に設置された浮上用
電磁石のコイルに電流が流れ，車体を浮上する方向に磁極が発生する．また，向か
い合う電磁石はループ状に結束されているので，車体を中央に戻す働きをしている．

2·5 電子機械

ここでは，メカトロニクス製品の代表的な工作機械を例にあげ，電子機械の構成
要素を理解するとともに，電子機械に必要な技術にはどのようなものがあるかを学
習する．また，NC工作機械の構成の概要についても学ぶことにする．

1. 電子機械の構成

（1） 工作機械のメカトロニクス化　機械加工技術の進展を歴史的にみると，加
工精度を1桁上げるのに約50年の歳月が必要であった．しかし，最近の加工技術
は，18世紀の産業革命時の約10倍の速さで進歩しているといわれている．とくに，
ここ40年間の技術水準の向上には目を見張るものがある．これは，従来の機械固
有の技術に，エレクトロニクスの中心である半導体技術が加わったことによるも
の，いわゆる機械のメカトロニクス化によって各種工作機械の技術水準が著しく向
上したからだといえる．

ここで，工作機械のメカトロニクス化とはどのようなことなのかを学習してみ

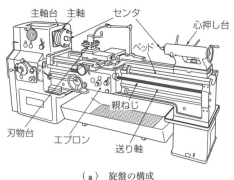

主軸台　主軸　　センタ　　　　　　　　心押し台
ベッド
親ねじ
刃物台　　エプロン　　送り軸

（a） 旋盤の構成

（b） 旋盤作業

図2·35 旋盤

よう.

図 **2·35**(**a**)に示す旋盤（lathe）は，工作物を回転させ，刃物台に取りつけたバイトに，切込みと送りとを与えて切削加工する工作機械である．図（ **b** ）のように，旋盤を使って作業をする場合，作業者は頭脳で工作物の加工形状を記憶し，手でハンドルを回すなどの操作をしながら，絶えず目で工作物の形状を確認して作業を進める．このような作業を自動化するためには，旋盤をメカトロニクス化して，機械の中に電子機器類を内蔵させた工作機械にする必要がある．

図 **2·36** は，メカトロニクス化した機械，すなわち電子機械の構成を示したもので，機械には，各種のセンサやアクチュエータ，マイクロコンピュータが組み込まれている．したがって，機械の動きや工作物の形状，潤滑油の温度などに関する情報は，センサによって検出され，**インタフェース**（interface）へ送られる．**センサ**（sensor）は，人間の目・耳・皮膚などの

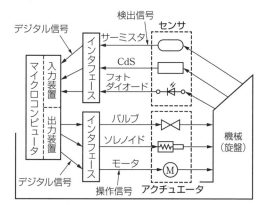

図 2·36 電子機械の構成

感覚に相当するもので，インタフェースは，センサや駆動部とマイクロコンピュータを結んで信号を変換したり伝達したりする役目をもつ．すなわち人間の神経に相当するものと考えてよい．

また，マイクロコンピュータは，情報の受入れ，判断，演算，記憶および駆動指令など情報処理を行うもので，人間の頭脳に当たる．そして，**アクチュエータ**は，操作信号の量に応じて機械的な変位を生じさせる機器で，人間の手足に相当するものである．

（ **2** ） **電子機械の構成要素と基礎技術**　前項で述べたように，電子機械を構成する要素には，コンピュータ，センサ，アクチュエータおよびインタフェースがあげられるが，このほか，図 **2·37** に示す電子機械の一般的な構成ブロック図からもわかるように，機械の動力としてのパワー源，すなわち電力・油圧・空気圧なども構成要素としてあげられる．

以下に，図 **2·37** の電子機械の構成ブロック図の流れについて説明する．

機械の物理量を検出した
センサ（センサには物理量
に応じた各種のセンサが
ある）は，マイクロコン
ピュータに信号を送るた
め，検出データを信号に変
換するが，大部分のセンサ
の出力は連続した電圧・電
流のアナログ信号（analog
signal）である．逆に，コ
ンピュータ内の処理は，数

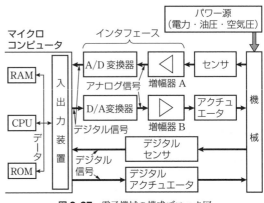

図2·37 電子機械の構成ブロック図

値化された電圧・電流のデジタル信号（digital signal）で行われている．

　このため，センサの出力信号をデジタル信号に変換する必要がある．この変換するための機器が変換器と呼ばれるものである．

　この変換器には，同図に示すように，アナログ信号からデジタル信号に変換する**A/D変換器**（analog to digital converter）と，デジタル信号からアナログ信号に変換する**D/A変換器**（digital to analog converter）とがある．また，センサの出力は微小な信号のため，A/D変換器が必要とする大きさの信号に増幅させる必要がある．これが増幅器Aで，増幅器Bは，アクチュエータを駆動させるための信号を増幅させるものである．

　なお，これらの変換器と増幅器は，機械から検出した信号をコンピュータが処理できる信号に変換しているので，インタフェースの働きをしている．

表2·2 電子機械に必要な技術と内容

技術	内容
コンピュータの技術	ハードウェア，ソフトウェアおよびコンピュータ制御に関する技術．
センサの技術	各種のセンサの原理，構造と取扱い，および検出対象に適したセンサの選定と留意に関する技術．
アクチュエータの技術	各種のアクチュエータの原理，構造と取扱い，および制御対象に適したアクチュエータの選定と留意に関する技術．
インタフェースの技術	電子回路に関する理論および信号の変換に関する技術．
メカニズムの技術	機械の機構と運動の伝達に関する技術．
自動制御の技術	シーケンス，フィードバックなど機械の自動化に関する技術．

最後に，デジタルセンサとデジタルアクチュエータであるが，前者は，機械の検出信号を直接デジタル信号に変換し，出力するセンサで，コンピュータにそのまま入力できる．後者は，デジタル信号によって直接機械を駆動させるアクチュエータである．

電子機械は以上のような要素によって構成され，表**2·2**に示す基礎的技術を必要とすることはいうまでもない．

2. NC工作機械

（1）**位置決め機構**　現在の工作機械は，NC旋盤，NCフライス盤，マシニングセンタ（machining center：MC）などにみられるように，**NC工作機械**（numerically controlled machine tool：数値制御工作機械）が主流となっている（図**2·38**）．

図2·38　MC（立て形フライス盤）の操作の様子

これは，1952年アメリカのパーソンズによって考案された工作機械で，NC化とは，数値や符号で構成された情報によって工作機械を自動化することを指している．

さて，工作物を所定の形状・寸法に加工するには，図**2·39**に示すような機構を用いて位置決めをする必要がある．この機構では，送りねじの一端に

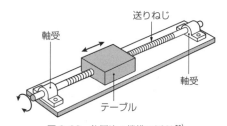

図2·39　位置決め機構の原理[20]

ハンドルを取りつけ，回転させることによって，テーブルは軸方向に移動するようになっているので，ハンドルの回転角によってテーブルの移動量を正確に決めることができる．したがって，テーブル上に工作物または工具を固定しておけば，これらの位置決めができることになる．

図**2·40**は，NCフライス盤の基本的な機構を示したものである．図に示すように，加工物はテーブル上に固定され，テーブルは送りねじの回転によってX軸（左右），Y軸（前後）の2軸方向に移動し，位置決めすることができる．NCフライス盤では，ハンドルの代わりに**サーボモータ**（servo motor）を取りつけ，回転角

センサと組み合わされて
コンピュータの命令にし
たがって回転する.

　このサーボモータは,
入力された電流値に比例
した角度だけ正確に回転
し,停止するもので,一
般のモータと比べて広い
速度範囲で使用できる.
また,連続的な速度の制
御が可能であること,速
応性がすぐれていること
などの特長をもっている

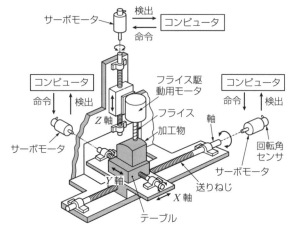

図2·40 NCフライス盤の機構[18)

ので,電子機械には広く用いられているアクチュエータである.

　（2）NC機械の構成　一般に,数値データを扱う装置によって行われる自動制御を**数値制御**といい,NC装置は,工作機械のテーブル・加工用工具の駆動部を,加工に必要な数値データの指令によって自動的に制御する装置である.**NC機械**は,図**2·41**に示すように,操作部,NC装置（変換・制御部を含む),駆動部および位

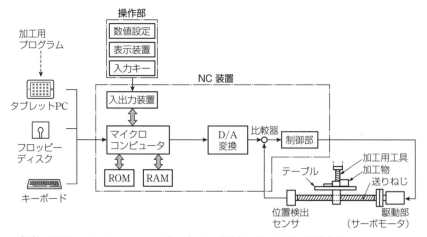

〔注〕　ROM：read only memory の略.データの読取りに用いるIC の記憶素子.
　　　　RAM：random access memory の略.データの書込みと読取りに用いるIC の記憶素子.

図2·41 NC機械の基本構成

置検出センサからなっている.

① **操作部**　NC 装置の諸機能の開始・停止・選択・設定値などの入力を人手で操作する部分である.

② **NC 装置**　マイクロコンピュータ・変換器・比較器および制御部などから構成され, 操作部からの指令情報は入出力装置によってマイクロコンピュータに読み込まれる. 読み込まれた情報は加工に必要な演算処理を経て, 指令パルスの形で変換器に送られ, さらに D/A 変換された後, 制御部へ送られる.

③ **制御部および駆動部**　テーブルの位置制御や移動制御を行う部分で, 位置や移動速度は, 位置検出センサによって検出され, そのデータは, NC 装置へ戻され, 比較回路で指令値と比較されて補正が加えられる. その後, 補正されたデータが制御部に送られてサーボモータが制御される.

開発当初の NC 装置では, 電子回路に各種の論理素子や記憶素子を組み込んで, 加工に必要な演算を行っていたが, 機能や仕様が固定されていたため, その変更は容易ではなかった. しかし, その後, コンピュータを内蔵した NC 装置が開発され, これを **CNC** (computerized numerical control) と呼ぶようになった. 今日, CPU と大容量の IC メモリを備えたマイクロコンピュータを内蔵した CNC 装置になっているので, CNC を単に NC と呼ぶことが多い.

図 2·42　CNC 超精密研削盤

2·6 | AI 技術のメカトロニクスへの利用

将来「人間の知能を超えるのでは?」との予測が注目を集めている **AI** (artificial intelligence：人工知能) は, すでに将棋や囲碁の限られた分野では人間を圧倒しているが, これはコンピュータの特長である記憶能力と処理能力の速さに起因するものである.

現在の AI は, 人の知能と本質的に違っている. 記憶, 情報処理など, 人が道具として用いる情報処理システムの範囲内で利用されている. 人間は, 生きる目的をもって自らの意思で動き, 問題に突き当たったときには, 自らで考え, 工夫して解

決する能力を備えている．これこそが知能であり，地球環境で生き抜くために適応
し続ける生物すべてがもつ能力である．したがって，知能に関する仮説をプログラ
ム化し，それをコンピュータで実行・評価し，仮説の善し悪しの検証を行う．いわ
ゆるコンピュータ上での知能の働きのシュミレーションを試みているのが，現在の
AI技術といえる．

さて，今日の人間の知能の一部を再現して実用化されている製品には，人の生活
の手助けとしての卓上型ロボット，介護施設内での介護用ロボットがある．また，
家庭でのロボット掃除機やスマートフォン，人の話し言葉を理解し，応えてくれる
スマートスピーカなど，実社会の特定の用途で用いられている道具がある．これら
は**特化型AI**と呼ばれ
ており，センサ，アク
チュエータ，マイクロ
コンピュータを包含
しているメカトロニ
クス製品である（図
2・43）．

ロボット掃除機　　　スマートフォン　　　スマートスピーカ

図2・43　特化型AI製品

また今日，センサを
通してのコンピュータ
処理による画像認識が
進み，自動車などの自
動運転に利用されつつ
あり，自動運転車も夢
ではなくなる．画像，

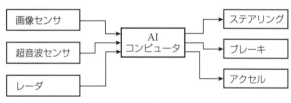

図2・44　自動運転車の概要

超音波，ミリ波レーダなどの各センサをAIコンピュータ処理をすることによって，
ステアリング，ブレーキ，アクセルを自動操作できる（図**2・44**）．

一方，人間のように考えるAI，すなわち学習したことを応用し，想定外のこと
に突き当たっても，臨機応変に対処する能力を備えた**汎用型AI**は，いまだ完成の
域に達していない．

2章 | 演習問題

2·1 カメラをメカトロニクス化することでどのような自動化が図られたか，4つ述べよ．

2·2 AF 機能，AE 機能に関連ある言葉を **a**〜**i** から選び，記号で示せ．

（**1**）　AF 機能（　　　　　）

（**2**）　AE 機能（　　　　　）

    a.　位相差検出式

    b.　積分コンデンサ

    c.　シャッタ羽根

    d.　CCD

    e.　CdS

    f.　自動焦点

    g.　シャッタ速度

    h.　絞り制御

    i.　レンズブロック

2·3 次は，自動車の制御について述べたものであるが，それぞれの制御名を **a**〜**e** から選べ．

（**1**）　空燃比と点火時期を制御する．（　　）

（**2**）　緩衝器（アブゾーバ）を走行状態に応じて制御する．（　　）

（**3**）　車体に伝わる振動や加減速のショックを少なくする．（　　）

（**4**）　ハンドルの操作力を軽くする．（　　）

（**5**）　走行状態に応じて変速機のギヤを制御する．（　　）

    a.　エンジンマウント制御

    b.　エンジン制御

    c.　トランスミッション制御

    d.　サスペンション制御

    e.　パワーステアリング制御

2·4 鉄道における ATO について簡単に説明せよ．

2·5 図 2·45 は電子機械の構成のブロック図を示したものである．各ブロック図（イ～ホ）の名称を I 欄より選べ．また，イ～ホに用いられる例〔（a）～（e）〕を II 欄から選べ．

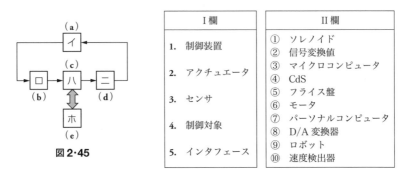

I 欄	II 欄
1. 制御装置	① ソレノイド
2. アクチュエータ	② 信号変換値
3. センサ	③ マイクロコンピュータ
4. 制御対象	④ CdS
5. インタフェース	⑤ フライス盤
	⑥ モータ
	⑦ パーソナルコンピュータ
	⑧ D/A 変換器
	⑨ ロボット
	⑩ 速度検出器

図 2·45

2·6 図 2·46 は NC 工作機械の構成図である．各ブロック図の（ ）の中に a～h から適語を選び，記号で示せ．

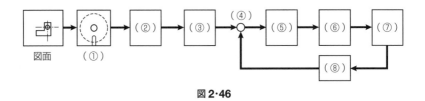

図 2·46

- **a.** 工作機械
- **b.** マイクロコンピュータ
- **c.** センサ
- **d.** 制御部
- **e.** サーボモータ
- **f.** 比較器
- **g.** D/A 変換器
- **h.** フロッピーディスク

2·7 次の略語を日本語に訳せ．

（1） IC （2） NC （3） AF （4） ECU （5） VLSI
（6） ATC （7） A/D converter （8） CPU （9） MC

第2編

メカトロニクス技術の基礎

　機械は，個々の機械要素部品が組み合わされてつくられている．そして，この機械要素部品は，力の働きによって具体的なものに運動を与え，機械としての機能を現してくる．一方，エレクトロニクスは，各種の半導体素子などに電流を流すことによって増幅・判断・演算などの機能を発揮し，さらに，アクチュエータに電力を供給すれば，磁束が発生し，形ある部品を動かすことができるようになる．

　このように，機械と電気の関係は密接なものであり，この両分野を理解することが，メカトロニクスを知るうえで大切である．

　したがって，本編では，メカトロニクス技術の基礎を理解するために，機械の伝動機構とその要素，および電子要素部品の働きなどを学び，さらに，マイクロコンピュータによる機械の制御法の基本について学習する．

3

機械の機構と伝動

　機械は，目的の仕事をするためにいろいろな運動を必要とするが，その基本的な運動は，直線または回転運動である．

　ここでは，原動機の運動の形を変えたり，速度を変えて機械に所要の運動を伝達したりするために必要な伝動機構の基本について学習しよう．

3·1 | 機構

1. 対偶と機構

　複数個の部分が接触して組み合い，一方の部分に対して他方の部分が限定運動をするとき，これを**機構**（mechanism）という．また，それぞれの部分を**機素**（element）といい，2個の機素からなる機構がもっとも単純なもので，この1組を**対偶**（pair）という．対偶の接触は，面接触する場合と，線または点接触する場合とに分けられる．

　面接触をする対偶には，図 **3·1** のような種類がある．

　① **直進対偶**（prismatic pair：**進み対偶**ともいう）　図(**a**)のような柱対面をもつ対偶において A，B いずれかを固定すれば，他はそれに対して直線運動をする．

　② **回転対偶**（revolute pair：**回り対偶**ともいう）　図(**b**)のような対偶は，A の固定に対して B は回転運動をする．

　③ **ねじ対偶**（screw pair）　図(**c**)のような円筒らせん体面をもつ対偶は，A の固定に対して B は回転運動および直線運動をする．

　④ **円筒対偶**（cylindrical pair）　図(**d**)のような円筒体面をもつ対偶も，A の固定に対して B は回転・直線運動をする．

　⑤ **球対偶**（spherical pair）　図(**e**)のような球面をもつ対偶は，A の固定に対

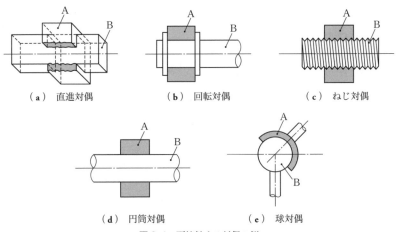

（a） 直進対偶　　　（b） 回転対偶　　　（c） ねじ対偶

（d） 円筒対偶　　　（e） 球対偶

図3·1 面接触する対偶の例

してBは球運動をする．

　次に，線または点接触する対偶であるが，これには代表的な例として歯車やカム
があり，ほかに玉軸受の玉などもあげられる．

　なお，対偶による機構をその運動から分けると直線運動と回転運動になるが，実
際の機械においては，直線運動をどこまでも続けることはできないので往復運動が
一般的であり，回転運動は左回りまたは右回りの連続運動となる．

2. 伝動機構

　機械では，必要な運動をいかにして効率よく伝達するかが重要な問題である．い
いかえれば，力を伝達したり，運動を伝達したりする機能を考えるときは，それを
構成する物体の材料や形状について考えなければならないということである．この
構成する物体を**節**（link：リンクともいう）と呼び，その材料によって表3·1のよ
うに分類される．

　この節は，前述した対偶をいくつか組み合わせて機能するもので，節を連ね
る（これを**連鎖**：kinematic
chain という）ことによって
完結したある運動をつくるこ
とができるようになる．

　図3·2は，ある機械の伝

表3·1 節の種類

節の材料	伝達力	節
剛性の固体	引張り，圧縮，回転力	軸，リンク，ロッド
撓性の固体	引張り力	ベルト，ロープ，鎖
流体	圧縮力	水，油，空気

動機構を示したものであって，機械を構成する節を機能面からみると，固定され，運動しない**静止節**（fixed link），外部から運動（動力）を取り入れる**原動節**（driving link，または driver），運動を伝達する**中間節**，そして伝達された運動によって動かされ，外部に運動を出す**従動節**（driven link，または follower）に分けることができ，このうち，原動節から従動節までの一体化した機構が**伝動機構**である．

また，伝動を，単に運動あるいは力の伝達方式で分けると，直接伝動と間接伝動に分けることができ，たとえば，図**3・3**のような歯車機構が直接伝動にあたり，図**3・4**のようなベルト車およびピストン－クランク機構が間接伝動にあたる．

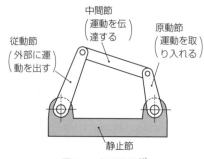

図**3・2** 伝動機構 [18]

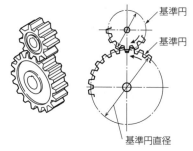

図**3・3** 直接伝動の例（歯車機構）[18]

（a）プーリ

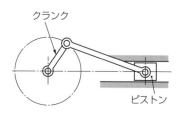

（b）ピストン－クランク機構

図**3・4** 間接伝動機構の例 [18]

表**3・2** 伝動機構

伝達方式	種類	機構の例
直接伝動	すべり接触	ねじ機構，歯車機構，カム機構，つめ車機構
	転がり接触	摩擦車機構
間接伝動	剛性中間節	リンク機構
	撓性中間節	ベルト－チェーン伝動機構
	流体中間節	流体伝動機構

　なお，伝動機構における伝達方式を直接伝動および間接伝動で分類すると，表3·2のようになる.

3·2 │ 機械の要素と伝動

　機械は，必要な運動をし，機能を発揮することができるよう，多数の部品を組みつけることによって成り立っている．機械部品の中でも，多くの機械に共通して用いられるねじ，歯車，カム，リンク，ベルト，チェーンなどの部品を**機械要素**という.

　ここでは，機械に必要な運動を伝達するための機械要素を，伝動機構の立場から分類して述べることにする.

1. 直接伝動機構

　（1） ねじ機構　図3·5に示すように，一定角度 β（**リード角**という）の直角三角形ABCを円筒のまわりに巻きつけると，斜辺ACは，円筒にらせん状の曲線を描く．このらせんに沿って溝をつくれば，円筒の外周に山と谷をもった形状ができる．これを**ねじ**といい，同様な溝は，円筒の内面にもつくることができる．前者を**おねじ**，後者を**めねじ**という．両者をはめ合わせて対偶として用いれば，小さなトルクで軸方向に大きな力が得られるので，機械部品の締結や直線の移動に利用することができる.

　図3·6にねじの各部名称を

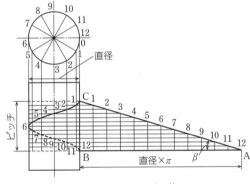

図3·5 ねじの原理[4]

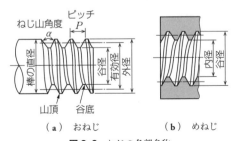

（a） おねじ　　　　　**（b） めねじ**

図3·6 ねじの各部名称

示すが, ねじが1回転して進む距離を**リード** (lead) と呼んでいる.

なお, 同じ外径のねじでも, ピッチの違いによって並目ねじと細目ねじとがあり, 一般には並目ねじが用いられる. 一般メートルねじ (並目) の主要寸法を表3·3に示す.

ねじは, その断面の形状によって, 次のように分類される.

① **三角ねじ** 図3·7 (**a**) のように, ねじ山の断面が三角形の形状で, ねじ山の角度は60°である. 主として締結用に用いる.

② **角ねじ** 図 (**b**) のように, ねじ山の断面が四角形で, 主として力を必要とする部分の動力伝達用に用いる.

表3·3 一般用メートルねじ (並目) の基準寸法
(JIS B 0205-1：2001 より抜粋)

ねじの呼び		ピッチ (2) P [mm]	ひっかかりの高さ H_1 [mm]	めねじ [mm]		
				谷の径 D	有効径 D_2	内径 D_1
ねじの呼び (1)	順位 (1)			おねじ [mm]		
				外径 d	有効径 d_2	谷の径 d_1
M 3 × 0.5	1	0.5	0.271	3.000	2.675	2.459
M 3.5	2	0.6	0.325	3.500	3.110	2.850
M 4 × 0.7	1	0.7	0.379	4.000	3.545	3.242
M 4.5	2	0.75	0.406	4.500	4.013	3.688
M 5 × 0.8	1	0.8	0.433	5.000	4.480	4.134
M 6	1	1	0.541	6.000	5.350	4.917
M 7	2	1	0.541	7.000	6.350	5.917
M 8	1	1.25	0.677	8.000	7.188	6.647
M 9	3	1.25	0.677	9.000	8.188	7.647
M 10	1	1.5	0.812	10.000	9.026	8.376
M 11	3	1.5	0.812	11.000	10.026	9.376
M 12	1	1.75	0.947	12.000	10.863	10.106
M 14	2	2	1.083	14.000	12.701	11.835
M 16	1	2	1.083	16.000	14.701	13.835
M 18	2	2.5	1.353	18.000	16.376	15.294

〔注〕 (1) 順位は1を優先的に, 必要に応じて2, 3の順に選ぶ. なお, 順位1, 2, 3は, **ISO 261** に規定されている **ISO** メートルねじの呼び径の選択基準に一致している.

(2) 太字のピッチは, 呼び径1～64 mmの範囲において, ねじ部品用として選択したサイズで, 一般の工業用として推奨する.

③ **台形ねじ** 角ねじの工作は非常にむずかしいので, これに対し, 図 (**c**) のような台形の形状をもつものがつくられている. JIS (日本産業規格) では30度台形ねじを規定している.

④ **管用ねじ** ねじ山の角度が55°の三角ねじで, 管を継ぐ場合に用いられる. JIS には平行ねじとテーパねじの2種類を規定している.

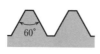

(**a**) 三角ねじ　　　(**b**) 角ねじ　　　(**c**) 台形ねじ
図3·7 ねじの種類

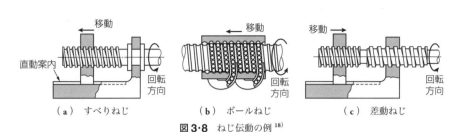

（ a ）　すべりねじ　　　　　（ b ）　ボールねじ　　　　　（ c ）　差動ねじ

図3·8　ねじ伝動の例 [18]

　次に，ねじ伝動の例を図**3·8**に示す．図（ a ）は**すべりねじ**と呼ばれるもので，角ねじや台形ねじが使用される．このすべりねじは，大きな負荷の移動，締付けに用いられ，プレス機械，旋盤の親ねじ，フライス盤のテーブル送りねじ，万力の締付けねじなどに利用されている．

　図（ b ）の**ボールねじ**は転がり接触を利用したもので，おねじの回転とともに鋼球が転動しながら循環を繰り返し，運動を伝える機構になっている．摩擦抵抗がきわめて小さく，高速回転が可能であるため，NC工作機械の送り装置，自動車のステアリング装置などに利用されている．

　図（ c ）の**差動ねじ**は，1本のねじ棒にリードがわずかに異なる2つのねじをもっているもので，ねじ棒の1回転によってめねじは2つのリード差だけ移動する．いま，リードが5 mmと5.1 mmとすれば，この差動ねじは，リードが0.1 mmのねじと同じとなり，微小送りに利用できる．

　（2）　歯車機構　歯車は，一般に，円板の円周に歯形をつけ，歯形のかみ合いによって伝動する機械要素である．

　歯車は，回転を確実に伝達できるとともに，回転比を変えることができる．また，2軸が平行でない場合でも，回転を伝達したり，耐久度も大きいなどの長所をもつので，正確に運動を伝達しようとする伝動装置や変速装置として広く用いられている．

　表**3·4**に，歯車の種類，特徴，用途を，図**3·9**に，歯車の各部名

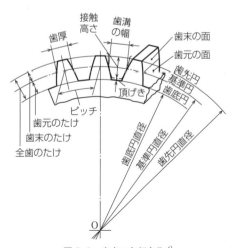

図3·9　歯車の各部名称 [4]

表3·4 歯車の種類, 特徴, 用途

種類	特徴	用途	種類	特徴	用途
平歯車	両歯車の回転の向きがたがいに逆である.	一般用	すぐばかさ歯単	2軸が交わる際に用いる.	工作機械などの動力伝達装置, 差動歯車装置.
はすば歯車	平歯車より大きな動力を伝えることができる.	動力伝達装置, 減速装置	まがりばかさ歯車	歯当たり面積が大きいため, 強度が大で, 回転も静かである.	自動車の減速装置.
			ハイポイドギヤ	食い違う軸の間に運動を伝達する.	自動車の差動歯車装置.
内歯車	両歯車の回転の向きが同じである.	遊星歯車装置	ウォームギヤ ウォーム ウォームホイール	同一平面にない2軸の直角な運動を伝達する.	小型の減速装置.
ラック ラック	回転運動を直線運動に変えたり, その逆にしたりできる.	工作機械の送り装置.	ねじ歯車	2軸が平行でなく, 交わりもしないときに用いる.	自動車の駆動装置, 各種の自動機械.

称を示す.

歯車の歯の大きさは, **モジュール** (module) を用いて表すことができる. ピッチ円の直径を d [mm], 歯数を z, モジュールを m [mm] とすれば,

$$m = \frac{d}{z} \tag{3·1}$$

の関係になる.

なお, モジュールの異なる歯車は, ピッチが一致しないので, かみ合わせることはできない. この m は, 歯車の大きさを表す重要な値で, m が大きいほど歯も大

きくなる．JIS において
は，表 3·5 のように標
準値を規定している．

　（a）　歯車列と減速比

　歯車は，表 3·4 に示
したように，歯のかみ合
いの仕方（歯の形と歯車
軸との関係）によってい
くつかの種類に分かれる
が，その伝達機構は，一対
となった歯車（これを**歯
車対**と呼び，歯車伝動機
構の最小単位となる）を
いくつか組み合わせるこ
とによって行われる．こ
れを**歯車列**（gear train）

表 3·5　モジュールの標準値
（JIS B 1701-2：2017 より抜粋，単位：mm）

（a）　1 mm 以上の場合				（b）　1 mm 未満の場合	
I	II	I	II	I	II
1			7	0.1	
1.25	1.125	8			0.15
	1.375	10	9	0.2	
1.5	1.75	12	11		0.25
2			14	0.3	
	2.25	16			0.35
2.5	2.75	20	18	0.4	
			22		0.45
3	3.5	25		0.5	
4			28		0.55
5	4.5	32		0.6	
	5.5	40	36		0.7
6			45		0.75
	6.5*	50		0.8	0.9

〔備考〕　ここでは，モジュールとは基準ピッチを円周率 π
で除した値と定義している．I を優先的に，必要に
応じて II の順に選ぶ．
＊　できるだけ避けるのがよい．

という．また，**減速比**は，減速歯車列の速度伝達比をいい，数値は 1 以上となって
いる．

　工作機械では，モータからの回転を，必要な条件に適した速さで伝動することが
要求され，そのために歯車列が用いられる．このような装置を**歯車伝動装置**という．

　次に，歯車列の減速比を求める場合を，図 3·10 を例にして説明する．

　図 3·10 は，歯車 1〜4 を用いた
歯車列で，歯車 2 と 3 は，歯数の異
なった歯車を同一の軸 b に固定し
て一体としたもので，歯車 1 の回転
を歯車 4 に伝達している．

　この場合，歯車 1 と歯車 2 の速度
伝達比 i_1 は

$$i_1 = \frac{N_1}{N_2} = \frac{z_2'}{z_1}$$

　歯車 3 と歯車 4 の速度伝達比 i_2
は

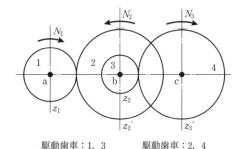

駆動歯車：1，3　　　　駆動歯車：2，4

N_1：軸 a の回転速度　　　z_1，z_2：駆動歯車の歯数
N_2：軸 b の回転速度　　　z_2'，z_3' 被動歯車の歯数
N_3：軸 c の回転速度

図 3·10　歯車列

$$i_2 = \frac{N_2}{N_3} = \frac{z_3'}{z_2}$$

したがって，軸 a と軸 c からなる歯車列の減速比 i は

$$i = \frac{N_1}{N_3} = \frac{N_1}{N_2} \cdot \frac{N_2}{N_3} = \frac{z_2'}{z_1} \cdot \frac{z_3'}{z_2} \tag{3・2}$$

で表される．また，軸 a の回転数 N_1 が与えられ，軸 c の回転数 N_3 を求める場合は，式 (3・2) より

$$N_3 = \frac{z_1 z_2}{z_2' z_3'} N_1$$

となる．

一般に，歯車列の減速比は，次のように表すことができる．

$$i = \frac{\text{被動歯車の歯数の積}}{\text{駆動歯車の歯数の積}} \tag{3・3}$$

（b）　歯車列の種類　歯車列には次のような種類がある．

①　**単純歯車列**　1つの軸に1個の歯車がついているものから構成される歯車列を単純歯車列という（図 **3・11**）．図に示した中間歯車 2 は，回転方向を変えたり，駆動軸 a と被動軸 c の軸間距離が大きすぎて，1組の歯車で結合できない場合に，その空間を埋める目的で用いられる．

なお，図に示した中間歯車は，駆動歯車 1 と被動歯車 3 の間の速度伝達比に影響を与えることはない．

②　**複合歯車列**　1組の歯車が連続的につながれている歯車列を複合歯車列（図 **3・12**）といい，中間歯車があっても差し支えない．

③　**逆歯車**　2軸が同軸上にくるよう

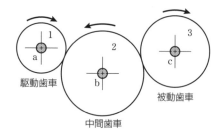

図 3・11　単純歯車列

図 3・12　複合歯車列 [7]

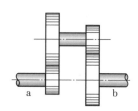

図 3・13　逆歯車

にしたものが逆歯車（図 **3·13**）で，図に示す軸 a, b を結びつける歯車の数と形は自由に選ぶことができる．

④ **遊星歯車列** 図 **3·14**(**a**)に示すように，歯車 A を固定し，腕 C を回転させると，歯車 B は，歯車 A のまわりを公転すると同時に自転する．これを遊星歯車列といい，歯車 B を**遊星歯車**という．図(**b**)は遊星歯車を用いた装置（遊星歯車装置：planetary gears）の例で，1 組の歯車がたがいにかみ合って回転すると同時に，一方の歯車の軸を支持する軸受部が他方の歯車の軸を中心にして回転するようにしたもので，中心軸につけられた太陽歯車の周囲を，遊星歯車が自転しながら公転する機構になっている．

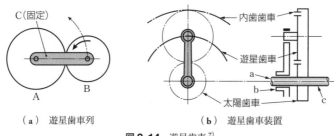

（ **a** ） 遊星歯車列　　　　（ **b** ） 遊星歯車装置

図 **3·14** 遊星歯車 [7]

この装置では，外部と接続できる軸として，同図に示すように，a, b, c の軸があり，そのうちどれを固定するかによって他の 2 個の軸の間の速度比は異なるので，大きい速度比を得ることができる．このため，航空機関などの減速装置として用いられる場合が多い．

⑤ **差動歯車装置** この歯車列は，④ の遊星歯車を用いた機構であるが，図 **3·15**(**a**)に示すように，太陽歯車軸，太陽歯車と遊星歯車の軸を結合する腕および遊星歯にかみ合う歯車のいずれか 2 つを駆動し，ほかの 1 つを出力としたもの

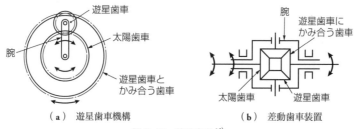

（ **a** ） 遊星歯車機構　　　　（ **b** ） 差動歯車装置

図 **3·15** 差動歯車 [16]

で，**差動歯車装置**（differential gears）という．なお，図（**b**）は，太陽歯車および遊星歯車にかさ歯車を用いた例で，機械式加減算機構として，サーボ機構や自動車の車軸の差動歯車装置に用いられている．

⑥　**変速歯車装置**　駆動歯車が一定の回転速度であるとき，歯車列のかみ合いを変えることで，被動歯車の回転速度をいく通りかに変えることができる．この装置を**変速歯車装置**（speed change gear）といい，工作機械や自動車の変速装置に利用されている．

図 3・16 は，変速歯車装置の原理を示したもので，歯車 a′，b′，c′ を一体にして，スプライン上を移動させ，原動軸の歯車 a，b，c にかみ合わせることにより，従動軸は 3 通りの回転速度を得ることができる．

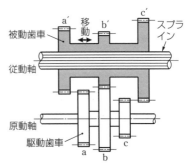

図 3・16　変速歯車装置

（3）　カム　板の周囲を曲線状にしたり，円筒の円周にらせん状の溝をつけたりしたものを原動節とし，それに回転運動や往復運動をさせることにより，それと接する従動節にいろいろな運動を与えることができる．このような板や円筒を**カム**（cam）という．

図 3・17 にカム機構の例を示す．図（**a**）は板カムの例で，カムを回転させると，カムに接する従動節は，往復の垂直運動をするようになる機構である．図（**b**）は直動カムの例で，水平往復運動を垂直運動として伝えるものである．また，図（**c**）は円筒カムの例で，カムの回転によって水平運動を伝えるものである．この中で，一般的には板カムがよく用いられ，内燃機関のバルブの開閉などに使用されることが多い．

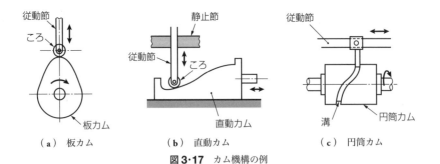

（**a**）　板カム　　　　（**b**）　直動カム　　　　（**c**）　円筒カム

図 3・17　カム機構の例

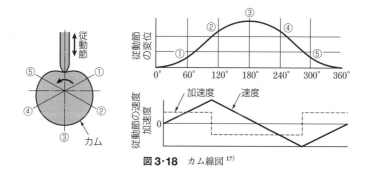

図3·18 カム線図 [17)

　カムの運動に対する従動節の運動を示す線図を**カム線図**（cam diagram）といい，これには，変位線図，速度線図，加速度線図などがある．図3·18は，等加速度運動におけるカム線図を示したものである．従動節の変位があまり急激なものは，振動の原因となったり，破損したりするので，カム線図は，速度に急激な変化がないようにしなければならない．

　なお，カムは，このカム線図に基づいてつくられることが多い．

2. 間接伝動機構

（1） リンク機構　たがいに接触し，力や運動を伝える役目をもつ部材をリンクまたは節といい，リンクのいくつかを対偶によって結合させたものを**連鎖**（chain）ということはすでに述べたが，図3·19のように，連鎖は，節の数によって三節連鎖，五節連鎖などと呼ばれる．そして，これらのリンク装置のうち，ある1つの節を固定リンクとすれば，リンク機構が成り立つのである．

　図3·19(a)の場合は，ある節を固定すると，各リンクは相対運動ができないもので，図(b)の場合は，各リンクは一通りの決まった運動を行う．すなわち，リンクaに対してbの位置が決まると，リンクc，dの位置も決まるもので，このよう

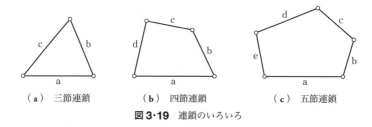

　　（a）　三節連鎖　　　　（b）　四節連鎖　　　（c）　五節連鎖

図3·19　連鎖のいろいろ

な連鎖を**限定連鎖**という．なお，図（**c**）の五節連鎖は，**不定連鎖**と呼ばれ，各リンクの相対運動は，一通りの動きだけに定まらない．

以上のことからわかるように，三節連鎖，五節連鎖の場合は，機械に用いることが困難であるので，四節連鎖が機械装置に応用されている．

（**a**）**四節連鎖の機構** 図 **3・20** は，四節連鎖を用いた機構をいくつか示したもので，最短のリンクをA，最長のリンクをDとすれば，リンクDを固定した図（**a**）の機構では，リンクAが1回転できるのに対して，リンクCは1回転できず，2π ラジアン以下の角度を往復することになる．この場合，Aを**クランク**（crank），Cを**てこ**（lever：または**レバー**）といい，この機構を**てこクランク機構**（lever-crank mechanism）と呼んでいる．

また，この四節連鎖で，リンクAを固定すると，図（**b**）の両クランク機構（double-crank mechanism）が得られ，リンクCを固定すると，図（**c**）のような両てこ機構（double-lever mechanism）が得られる．なお，この中で，てこクランク機構が唯一往復運動を回転運動に変えることができる機構である．

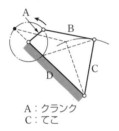

A：クランク
C：てこ
（**a**）てこクランク機構

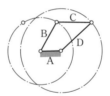

B, D：クランク
（**b**）両クランク機構

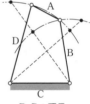

B, D：てこ
（**c**）両てこ機構

図 3・20 四節連鎖を用いた機構例[7]

てこクランク機構の一例として，図 **3・21** に足踏みミシンの例を示す．この例では，足踏みがてことなる．

（**b**）**スライダクランク機構** 回転対偶を直進対偶に変えれば，いろいろな機構が得られる．図 **3・22** は，蒸気機関，内燃機関，ポンプに実際に使用されている**スライダクランク機構**（slider-crank mechanism）の例である．図に示すスライダ（すべり子）はピストンの形となり，静止節となるシリンダ内を往復する．この場合，蒸気機関，内燃機関では，ピストンが原動節であり，往復

クランク
足踏み（てこ）
台（静止節）

図 3・21 てこクランク機構の例（足踏みミシンの例）[7]

ポンプではクランクが原動節になる．すな
わち，内燃機関では，往復直線運動を回転
運動に変える機構となっており，ポンプや
コンプレッサ（空気圧縮機）などでは，回
転運動を直線運動に変える機構として応用
されている．

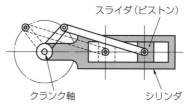

図3·22 スライダクランク機構

（2） ベルト伝動機構

（a） **ベルト伝動**　軸間の距離が長く，正確な速度の伝動を要しない場合におい
ては，2軸に**プーリ**（pulley：**ベルト車**ともいう）を取りつけ，それにベルトを掛
け，プーリとベルト間の摩擦によって伝動させる．これを**ベルト伝動**（belt drive）
装置といい，一般に2軸が平行な場合に用いるが，平行でなくても伝動できる．

　プーリは，一般に，図3·23（a）に示すような形状で，材料には鋳鉄が用いられ
るが，高速度で使用する場合には軽合金，鉄板などが用いられる．また，図に示
したDおよびBは，それぞれ呼び外径，呼び幅と呼ばれ，JISで規定されている．
図（b）はベルトの掛け方を示したもので，平行掛け（オープンベルト）と十字掛け
（クロスベルト）とがある．

　ベルト伝動は，回転速度の範囲が大きくとれ，回転比を任意に決めることができ
る．また，歯付きベルトを用いれば，同期伝動も可能で，騒音が小さいなどの特長
をもっている．

　このように，ベルト伝動では，プーリの大きさや回転速度によって機能的な要素
を変えることができるので，2軸間のプーリの回転比を重要視している．

　いま，図3·23（b）において，それぞれのプーリの直径をD_A，D_B，回転速度を
N_A，N_Bとし，プーリとベルトの間のすべりがないものと考えれば，回転比iは，
次の式で与えられる．

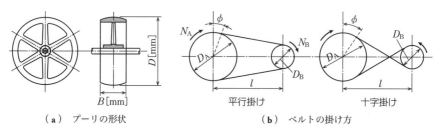

（a） プーリの形状　　　　平行掛け　　　　（b） ベルトの掛け方　　　十字掛け

図3·23 ベルト伝動

$$i = \frac{D_B}{D_A} = \frac{N_A}{N_B}, \qquad D_A = \frac{N_B}{N_A}D_B \tag{3·4}$$

次に，ベルトの所要長さ L は，図（**b**）の平行掛けの場合は，次式で求められる．

$$L = \frac{1}{2}\pi(D_A + D_B) + \phi(D_A - D_B) + 2l\cos\phi$$

$$（l：軸中心間の距離） \tag{3·5}$$

また，十字掛けの場合は，次式で求められる．

$$L = \frac{1}{2}\pi(D_A + D_B) + \phi(D_A + D_B) + 2l\cos\phi \tag{3·6}$$

上記の式では，所要長さを正確に求めることはできないが，概略の長さを求める式としては充分である．

（**b**）**V ベルト伝動**　V ベルトは，ゴムを主材料として継ぎ目のない環状に製造されたもので，おもなものについては JIS で規定されている．

V ベルトの種類には，次のようなものがある．

① **一般用 V ベルト**（standard V-belt）　従来からもっとも多く使用されてきたベルトで，入手・交換が容易である．ベルト速度は最大 30 m/s 程度である．

② **細幅 V ベルト**（narrow V-belt）　一般用 V ベルトよりも厚さが大きく，幅が細い．また，寿命も長く，装置を小型にできる．ベルト速度は最大 40 m/s 程度である．

③ **広幅 V ベルト**（wide V-belt）　ベルト変速装置に使用され，変速範囲を大きくするため，ベルトの幅が広い．

④ **広角 V ベルト**（wide angleV-belt）　V ベルトの V の角度が大きく，ベルトの側面に働く圧縮力に耐えるため，補強のリブがある．トルク変動の少ない連続高速伝動の場合，あるいはプーリ径を小さくしたい場合に用いられる．ベルト速度は最大 60 m/s 程度である．

表3·6　一般用 V ベルトの仕様（**JIS K 6323：2008** より抜粋）

断面形状	形別	b_t [mm]	h [mm]	α_b [°]	引張り強さ [kN]	伸び[%]
	M	10.0	5.5		1.2 以上	7 以下
	A	12.5	9.0		2.4 以上	7 以下
	B	16.5	11.0	40	3.5 以上	7 以下
	C	22.0	14.0		5.9 以上	8 以下
	D	31.5	19.0		10.8 以上	8 以下

一般用 V ベルトは，表 3·6 に示すように，台形をなし，角度 α_b は 40°である．ベルトの大きさは，表からわかるように，断面の大きさによって 5 種類が規定されている．

V ベルトに用いられる V プーリは，前述したように，ふつう，鋳鉄製であるが，高速用には鋳鋼製のものがつくられている．

V プーリの多くは，台形断面の溝をもつ車で，条数（溝の数およびベルトの所要数）は伝達馬力によって決定される．表 3·7 に，一般用 V プーリの溝部の形状と寸法を示す．なお，溝の角度と仕上げの程度は，V ベルトの寿命や伝動効率に大きく影響するので，精密に，しかも平滑に仕上げなければならない．

細幅 V ベルトは，表 3·8 に示すように，左右対称の台形の断面をもち，断面形

表 3·7 一般用 V プーリの溝部の形状と寸法（JIS B 1854：1987 より抜粋）

形状	形別	呼び外径 d_e [mm]	α [°]	l_0 [mm]	k [mm]	k_0 [mm]	f [mm]
	M	50 ~ 71 71 ~ 90 90 ~	34 36 38	8.0	2.7	6.3	9.5
	A	71 ~ 100 100 ~ 125 125 ~	34 36 38	9.2	4.5	8.0	10.0
	B	125 ~ 160 160 ~ 200 200 ~	34 36 38	12.5	5.5	9.5	12.5
	C	200 ~ 250 250 ~ 315 315 ~	34 36 38	16.9	7.0	12.0	17.0
	D	355 ~ 450 450 ~	36 38	24.6	9.5	15.5	24.0
	E	500 ~ 630 630 ~	36 38	28.7	12.7	19.3	29.0

表 3·8 細幅 V ベルトの仕様（JIS K 6368：1999 より抜粋）

断面形状	形別	b_t [mm]	h [mm]	α_b [°]	引張り強さ [kN]	伸び [%]
	3 V 5 V 8 V	9.5 16.0 25.5	8.0 13.5 23.0	40	2.3 以上 5.4 以上 12.7 以上	4 以下

表 3·9　細幅 V プーリの溝部の形状と寸法 （JIS B 1855：1991 より抜粋）

形状	形別	呼び外径 d_e [mm]	α [°]	w [mm]	h [mm]	k [mm] (基準寸法)	f [mm] (最小寸法)
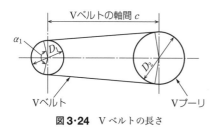	3 V	90 以下 90 ～ 150 150 ～ 305 305 ～	36.0 ± 0.5 38.0 ± 0.5 40.0 ± 0.5 42.0 ± 0.5	8.90 ± 0.13	$9.0_{0}^{+0.5}$	0.6	8.7
	5 V	255 以下 255 ～ 405 405 ～	38.0 ± 0.5 40.0 ± 0.5 42.0 ± 0.5	15.20 ± 0.13	$15.0_{0}^{+0.5}$	1.3	12.7
	8 V	405 以下 405 ～ 570 570 ～	38.0 ± 0.5 40.0 ± 0.5 42.0 ± 0.5	25.40 ± 0.13	$25.0_{0}^{+0.5}$	2.5	19.0

図 3·24　V ベルトの長さ

表 3·10　V プーリの直径比 （D_1/D_2） と軸間距離 c の関係

D_1/D_2	c
$\geqq \dfrac{1}{4}$	$D_1 + 2\,D_2$
$\dfrac{1}{5} \sim \dfrac{1}{7}$	$D_1 + 3\,D_2$
$\dfrac{1}{8} \sim \dfrac{1}{10}$	$D_1 + 4\,D_2$

状の小さなものから順に 3 V，5 V，8 V の 3 種類が JIS に規定されている．また，細幅 V プーリの溝部の形状と寸法は，表 3·9 のように規定されている．

　次に，図 3·24 に示す V プーリの軸間距離 c [mm] であるが，この距離は，プーリの直径比 （D_1[mm] / D_2[mm]）に関係し，実際には，表 3·10 に示すような値をとるようにする．たとえば，図 3·24 に示す接触角 α_1 があまり小さくなると，すべりを生じるようになる．

　また，V ベルトの所要の長さ L は，次の式によって求めることができる．

$$L = 2c + 1.57(D_1 + D_2) + \frac{(D_1{}^2 - D_2{}^2)}{4c} \tag{3·7}$$

（3）　チェーン伝動機構　ベルトの代わりにチェーン（chain）を用い，スプロケット（sprocket）と呼ばれる歯車の歯にかみ合わせて動力を伝達するものを**チェーン伝動**（chain drive）という．この伝達方式では，すべりのない確実な回転を伝えることができる．

（a）　ローラチェーンとスプロケット　ローラチェーンは，図 3·25 に示すよう

に，まゆ形をしたリンクプレートをピンで結合
したピンリンクと，2枚のリンクプレートをブ
シュで結合し，さらにローラをはめたローラリ
ンクを交互につないだものである．表3·11に
ローラチェーンの破断荷重，ピッチなどの仕様
を示す．

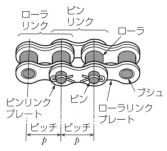

図3·25 ローラチェーン

　スプロケットは，主として鋼か高級鋳鉄製で
あり，歯底は，ローラがおさまるように，ロー
ラ半径よりやや大きめの円弧となっている．ま
た，歯形は，チェーンがスプロケットとかみ合うとき，ローラが干渉しないように
つくられている．表3·12に，スプロケットの仕様を示す．なお，図3·26は，ス
プロケットの形状を示したもので，ピッチ円の直径 D_p は，ローラチェーンのピッ
チを p，スプロケットの歯数を N とすれば，次の式から求められる．

$$D_p = \frac{p}{\sin(180°/N)} \tag{3·8}$$

　また，チェーンの長さ L は，ピッチの倍数となり，いま，チェーン伝動を構成
している2個のスプロケットの歯数を N_1，N_2 とし，軸中心間の距離を l とすれば，

表3·11 ローラチェーンの仕様（JIS B 1801：2014より抜粋）

呼び番号	25	35	41	40	50	60	80	100	120	140	160	200	240
ピッチ[mm]	6.35	9.525	12.70	12.70	15.875	19.05	25.40	31.75	38.10	44.45	50.80	63.50	76.20
最大回転数[min⁻¹]	4500	3000	1200	1800	1500	1200	1000	800	700	600	550	450	350
最小引張強さ1列[kN]	3.5	7.8	6.7	13.8	21.8	31.1	55.6	86.7	124.6	169.0	222.4	347.0	500.4

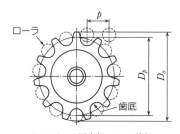

D_p：ピッチ円直径，D_o：外径

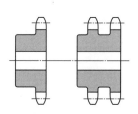

1列の場合　　2列の場合

図3·26 スプロケット

表3·12　スプロケット（横歯形）の仕様（JIS B 1802：1997廃止より抜粋）

呼び番号	適用ローラチェーン			横歯形				横ピッチ c
	ピッチ p	ローラ外径 D_r (最大)	ローラリンク内幅 W (最小)	面取り幅 g (約)	面取り深さ h (約)	面取り[*1]半径 R_c (最小)	丸み[*2] r_f (最大)	歯幅 t（最大）
								単列 / 2列,3列 / 4列以上

呼び番号	p	D_r(最大)	W(最小)	g(約)	h(約)	R_c(最小)	r_f(最大)	単列	2列 3列	4列以上	c
25	6.35	3.30[*3]	3.18	0.8	3.2	6.8	0.3	2.8	2.7	2.4	6.4
35	9.525	5.08[*3]	4.78	1.2	4.8	10.1	0.4	4.3	4.1	3.8	10.1
41[*4]	12.70	7.77	6.38	1.6	6.4	13.5	0.5	5.8	—	—	—
40	12.70	7.94	7.95	1.6	6.4	13.5	0.5	7.2	7.0	6.5	14.4
50	15.875	10.16	9.53	2.0	7.9	16.9	0.6	8.7	8.4	7.9	18.1
60	19.05	11.91	12.70	2.4	9.5	20.3	0.8	11.7	11.3	10.6	22.8
80	25.40	15.88	15.88	3.2	12.7	27.0	1.0	14.6	14.1	13.3	29.3
100	31.75	19.05	19.05	4.0	15.9	33.8	1.3	17.6	17.0	16.1	35.8
120	38.10	22.23	25.40	4.8	19.0	40.5	1.5	23.5	22.7	21.5	45.4
140	44.45	25.40	25.40	5.6	22.2	47.3	1.8	23.5	22.7	21.5	48.9
160	50.80	28.58	31.75	6.4	25.4	54.0	2.0	29.4	28.4	27.0	58.5
200	63.50	39.69	38.10	7.9	31.8	67.5	2.5	35.3	34.1	32.5	71.6
240	76.20	47.63	47.63	9.5	38.1	81.0	3.0	44.1	42.7	40.7	87.8

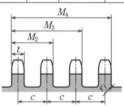

全歯幅
M_2, M_3, M_4, ……
$M_n = c(n-1) + t$
n：列数

〔注〕　*1　R_c は，一般には表に示す最小値を用いるが，この値以上無限大（この場合，円弧は直線となる）になってもよい.
　　　*2　r_f（最大）は；ボス直径および溝直径の最大値 D_H を用いたときの値である.
　　　*3　この場合の D_r は，ブシュ外径を示す.
　　　*4　41 は，単列だけとする.

長さ L は，次の式で求めることができる.

$$L = 2l + \frac{N_1 + N_2}{2}p + \frac{(N_1 - N_2)^2}{4l\pi^2}p^2 \tag{3·9}$$

ローラチェーンとスプロケットの歯とは，転がり接触するため，伝動効率がよく，さらに伸びやすべりが少ないので，広く用いられている.

（b）　チェーンの使用と特徴　チェーン伝動を構成する場合は，図3·27のように，チェーンがなるべく水平方向に張れるように軸を配置する．また，チェーン

の掛け方は，上を張り側とし，下に
緩みをもたせる．これを逆にすると，
チェーンがスプロケットから離れにく
くなったり，上下のチェーンが接触す
るおそれを生じる．なお，チェーン
を傾斜させて使用する場合は，60°以
内におさめるようにしなければなら
ない．

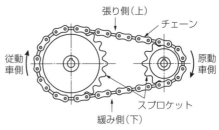

図3·27 チェーンの掛け方

スプロケットの歯数については，歯数があまり少ないと，摩耗が早くなり，回転
がスムーズに伝達されない．したがって，歯数は，17 ～ 70 くらいが適当である．

チェーン伝動の特徴としては，次のような事項をあげることができる．

① 伝動能力が大きいため，装置を小さくすることができる．

② ベルト伝動に比べて軸受にかかる負荷が少なくてすむ．

③ 回転をすべりなく確実に伝えることができる．

④ 2軸が平行である場合のみ伝動が可能である．

（4） 流体伝動装置 原動軸から従動軸へ
の動力の伝達に流体を用いる伝動装置を**流体
伝動装置**（hydraulic transmission）という．
これには，主として流体の運動エネルギー
を利用する**流体継手**（hydraulic coupling）
と**流体トルクコンバータ**（hydraulic torque
converter）および主として圧力エネルギー
を利用する**油圧伝動装置**がある．

（a） 流体継手と流体トルクコンバータ
流体継手は，原動軸側に取りつけられたポン
プ羽根車と，従動軸側に取りつけられたター
ビン羽根車とが向い合わせになったもので，
図3·28(a)に示すように，両羽根車の羽根
は同一の形をした半径方向羽根である．

流体継手を使った伝達は，ケーシング内部
に満たされた鉱物油を，原動軸の回転にとも
なって回るポンプ羽根車によってタービン羽

ポンプ　　　タービン
羽根車　　　羽根車

（a） 流体継手の羽根車 [2]

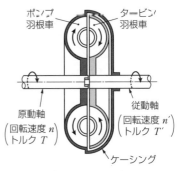

ポンプ　　　　　タービン
羽根車　　　　　羽根車

原動軸　　　　　　従動軸
（回転速度 n　　　（回転速度 n'
トルク T）　　　　トルク T'）

ケーシング

（b） 流体継手の説明図

図3·28 流体継手

根車に送り，これによって従動軸を回す方式である．

　流体継手では，動力の伝達に油などの液体が介在しているため，原動軸の振動が従動軸に伝わらず，また，衝撃が緩和され，静かに伝動できることが長所である．このため，歯車装置と組み合わせて，トルク変換をともなう変速装置として使用されている．

　流体トルクコンバータは，図 **3·29** に示すように，ポンプ羽根車，タービン羽根車のほかに，**ステータ**（固定案内羽根）をもっている．原動軸の回転によってポンプ羽根車から流出した液体は，タービン羽根車を通り，さらにステータを通過してポンプ羽根車へ戻る．したがって，ステータがトルクを受けもち，その分だけ従動軸の回転速度は低下し，出力トルクは入力トルクより増大する．

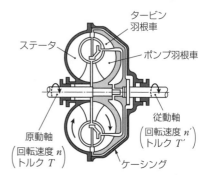

図 3·29 流体トルクコンバータ[18]

　なお，このトルク変換は，ポンプ羽根車とタービン羽根車に回転差があるときだけ働き，回転差がなくなると，ステータは駆動方向に空転するようになり，トルク変換はしないで，流体継手と同じ働きになる．

　流体トルクコンバータは，従動軸に加わる負荷トルクの変化に応じて従動軸の回転速度が自動的に変化する特性をもっており，内燃機関を原動機とする鉄道車両，

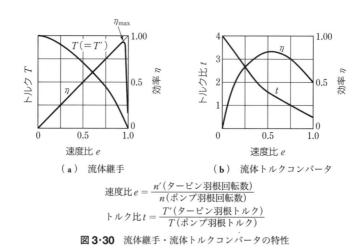

（a）　流体継手　　　　　（b）　流体トルクコンバータ

$$速度比\, e = \frac{n'(タービン羽根回転数)}{n(ポンプ羽根回転数)}$$

$$トルク比\, t = \frac{T'(タービン羽根トルク)}{T(ポンプ羽根トルク)}$$

図 3·30 流体継手・流体トルクコンバータの特性

自動車，建設機械の主動力の伝達に用いられる.

　図3·30に，流体継手およびトルクコンバータの特性を示す．流体継手では，トルク比$t=1$であるが，流体トルクコンバータでは，ステータの作用によってtを1以上にすることができる．しかし，ある速度比以上では，$t<1$となり，効率ηも低下する．したがって，これを防ぐため，$t=1$となる速度比以上では，ステータの作用が取り除かれるようになっている.

　（**b**）　**油圧伝動装置**　油圧用のポンプとモータを管路で結合した変速装置を**油圧伝動装置**（hydrostatic power transmission）といい，動力のすべてを油圧で伝達する方式と，効率を高めるために，その一部を機械的に伝達する方式（機械‐油圧式伝動装置）とがある．また，使用するポンプには，流量が回転速度だけで定まる**定容量形ポンプ**（fixed displacemen tpump）と，流量を調節することのできる**可変容量形ポンプ**（variable displacement pump）とがある.

　油圧伝動装置には次のような組合わせがある.

　①　可変容量形ポンプと定容量形油圧モータとの組合わせ（出力トルク一定）.

　②　定容量形ポンプと可変容量形油圧モータとの組合わせ（出力馬力一定）.

　③　可変容量形ポンプと可変容量形油圧モータとの組合わせ（低速回転時に出力トルク一定で，高速回転時に出力馬力一定）.

　また，使用するポンプは，一定空間内にある流体を，その空間の容積を減ずることによって吐出する容積形で，歯車ポンプ，ベーンポンプ，回転プランジャポンプなどがある.

　歯車ポンプ（gear pump）は，ケーシングに接してたがいにかみ合っている一対の歯車を回転させると，吸込み口から歯溝に油が入り，油は，ケーシング内壁に沿って移動し，吐出し口に送られるしくみで，高い圧力が得られるという特徴をもつ．この歯車ポンプは，図3·31（**a**）に示す外接歯車ポンプが一般的であるが，図（**b**）のように，内接する歯車を利用した内接歯車ポンプもある.

　図3·32に**ベーンポンプ**（vane pump）の構造を示す．図（**a**）のベーンポンプは，ケーシングの中心に対して偏心して内接するロータに，数枚の

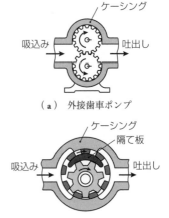

（**a**）　外接歯車ポンプ

（**b**）　内接歯車ポンプ

図3·31　歯車ポンプ[3]

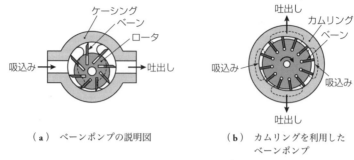

（a）ベーンポンプの説明図 　（b）カムリングを利用した
　　　　　　　　　　　　　　　　　　　　ベーンポンプ

図3·32 ベーンポンプ[3]

ベーン（羽根）を放射状に設け，ベーンとケーシング内壁とのすきまを利用したものである．ロータが回転すると，ベーンが遠心力によってケーシング内壁に押しつけながらしゅう動し，2枚のベーンと壁で囲まれた部分の容積が変化し，吐出し口に高圧の油が送られるようになっている．また，図（b）のベーンポンプは，ロータに作用する横方向の力を減らすため，ロータのまわりにだ円形状の断面をもつカムリングを入れ，ロータの両側で吸込み，吐出しを行わせるようにしたものである．

　油圧伝動装置は，工作機械・土木機械の主機または補機の運転装置，航空機・船の補機の運転装置に用いられている．

3章 | 演習問題

3·1 次の（ ）の中に適する言葉を **a** ～ **g** から選び，その記号を記入せよ．
複数個の部分が接触して組み合わされ，一方の部分に対して他方の部分が（ ）
をするとき，これを（ ）という．もっとも単純な（ ）は，2個の（ ）から
なり，この1組を（ ）という．

    a. 機素   **b.** 面接触   **c.** 限定運動   **d.** 自由運動

    e. 構造   **f.** 機構   **g.** 対偶

3·2 面接触する対偶にはどんなものがあるか，5つあげよ．

3·3 次の機構は直接伝動か間接伝動か．直接伝動には○印，間接伝動には×印を
（ ）の中に記入せよ．

    ① ねじ（ ）   ② リンク（ ）   ③ カム（ ）

    ④ ベルト伝動（ ）   ⑤ 歯車（ ）   ⑥ チェーン伝動（ ）

    ⑦ 摩擦車（ ）   ⑧ 流体伝動（ ）

3·4 次の文は節（リンク）の説明文である．（ ）内に〔 〕内から適語を選ん
で文を完成せよ．

    機械はいくつかの（ ）が組み合わされて節をつくる．節が連なって（ ）を
つくり，完結した運動をつくる．機械を構成する節の中で，固定され，運動しな
い節を（ ）といい，外部から動力を取り入れる節を（ ），それを伝達する節
を（ ）という．また，外部に運動を出す節を（ ）という．そして，（ ）と
（ ）が指定された一体の機構を（ ）機構という．

    〔従動節   中間節   伝動   原動節   静止節   対偶   連鎖〕

3·5 次のねじはどのような用途に用いられるか．適切なものを **a** ～ **f** の中から選
び，その記号を記入せよ．

    ① 角ねじ（ ）   ② 管用ねじ（ ）   ③ 三角ねじ（ ）

    ④ すべりねじ（ ）   ⑤ 差動ねじ（ ）   ⑥ ボールねじ（ ）

    a. 微小送りを必要とする場合に用いる．   **b.** 管を継ぐ場合に用いる．

    c. 大きな負荷の移動，締付けに用いる．

    d. 一般締結用として用いる．

    e. 摩擦抵抗を小さくし，高速回転に耐える．

    f. 大きな力を受ける場合の締結．

3·6 m をモジュール，z を歯数とするとき，歯車の歯先円直径（外径）が $D=m$ $(z+2)$ で表される．$z=32$，$D=170$ mm としたときの歯車のモジュール m と ピッチ円直径 d を求めよ．

3·7 次の特徴をもつ歯車を **a〜e** から選べ．

① 同一平面にない2軸の直角な運動の伝達で，小型減速装置に利用される．（　）

② 両歯車の回転の向きがたがいに逆で，一般によく用いられる．（　）

③ 回転運動を直線運動に変え，工作機械の送り装置に用いられる．（　）

④ 両歯車の回転の向きが同じで，遊星歯車装置に用いられる．（　）

⑤ 平歯車より大きな動力伝達装置に用いられる．（　）

    a. ラック　　**b.** はすば歯車　　**c.** 内歯車

    d. 平歯車　　**e.** ウォームギヤ

3·8 図 **3·10** に示した歯車列において，$z_1=36$，$z_2'=60$，$z_2=20$，$z_3'=45$ で ある．歯車4の回転速度 N_3 が 160 rpm のとき，歯車1の回転速度 N_1 を求めよ．

3·9 モジュール $m=2.5$ mm で，歯数がそれぞれ 68，44の1組の平歯車がある（図 **3·33**）．この歯 車の中心距離 D を求めよ．

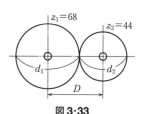

図3·33

3·10 次の①〜③装置の説明として，**a〜c** および **I〜III** から，それぞれ正しい組合わせを選べ．

① speed change gears　（　）（　）

② planetary gears　（　）（　）

③ differential gears　（　）（　）

    a. 差動歯車装置

    b. 遊星歯車装置

    c. 変速歯車装置

    I 内歯車を使用

    II 歯車列のかみ合いを変えて，被動歯車の回転速度を変える．

    III 機械式加減算機構

3·11 次の①〜③は，カム機構についての説明である．①〜③のそれぞれのカ ム機構の名称を答えよ．

① カムの回転によって水平運動を伝える．

② カムの回転で，従動節に往復垂直運動を伝える．

③ 水平往復運動を垂直運動として伝える．

3·12 次の①～③の図は四節連鎖の機構を示したものである．それぞれの機構名を示せ．

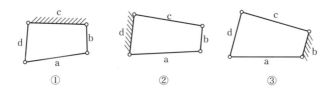

① ② ③

3·13 図 **3·23**（**b**）に示したベルト伝動において，いま，原動プーリの直径 $D_B = 158.8$ mm，従動プーリの直径 $D_A = 248.8$ mm，原動プーリの回転速度 $N_B = 950$ rpm としたとき，従動プーリの回転速度 N_A［rpm］とベルトの速度 v［m/s］を求めよ．

3·14 3 V 形細幅 V ベルトの長さ L［mm］を求めよ．ただし，図 **3·24** に示したように，軸間距離 $c = 385$ mm，プーリの直径を，それぞれ $D_1 = 78.8$ mm，$D_2 = 313.8$ mm とする．

3·15 呼び番号 50 のローラチェーンを用い，チェーン伝動を行いたい．いま，小スプロケットの歯数 $N_1 = 17$，大スプロケットの歯数 $N_2 = 34$，軸間の距離 $l = 600$ mm としたとき，次の値を求めよ．

① 小スプロケットのピッチ円直径 D_{p1}［mm］．

② 大スプロケットのピッチ円直径 D_{p2}［mm］．

③ チェーンの長さ L［mm］．

④ リンクの数 L_p，ただし，L/p（p：ピッチ）とする．

3·16 次の①～⑧は，ベルト伝動とチェーン伝動の特徴を述べたものである．各特徴はどちらの伝動に適しているか．ベルトの場合は記号 **V** を，チェーンの場合は **C** を（ ）内に記入せよ．

① 回転を確実に伝達できる．（ ）

② 軸間距離の精度が低くてもよい．（ ）

③ 伝動能力が大きく，装置を小型にできる．（ ）

④ 騒音が小さい．（ ）

⑤ 2 軸が平行の場合のみ伝動が可能である．（ ）

⑥ メンテナンスが容易である．（ ）

⑦ 軸受にかかる負荷が少なくてすむ．（ ）

⑧ 回転速度の範囲が大きくとれる．（ ）

3·17 次の英文を和訳せよ.

① hydraulic coupling

② fixed link

③ gear train

④ sprocket

⑤ hydrostatic power transmission

⑥ wide angle V-belt

⑦ module

⑧ mechanism

4

電子要素部品とその回路

メカトロニクスの技術を習得するうえで必要なメカトロニクス用部品には，スイッチ，リレー，タイマなどの制御用機器があり，また，制御回路を構成するものには，ダイオード，トランジスタ，オペアンプ，IC などの電子部品がある．

ここでは，これらの電子要素部品のおもなものと，基本的な回路の働きについて学習しよう．

4·1 | メカトロニクス用部品とその回路

メカトロニクス製品や装置では，数多くのメカトロニクス用部品が組み込まれ，それらの働きによって，目的とした動作を得ている．

以下に，スイッチ，リレー，タイマ，カウンタなどのおもな制御用機器の種類や特徴，さらに，制御回路の具体例を示して，それらの動作原理について述べる．

1. スイッチ

(1) 操作用スイッチ 制御の対象である機械や装置に対して，運転や停止の命令信号を与えるために，人間が操作するスイッチ（switch）を**操作用スイッチ**と呼び，メカトロニクス用部品には欠かせないものである．

(a) スナップスイッチ レバーを手動操作すること（スナップ動作：レバーに力を与えると急に切り換わる動作）によって接点の開閉を行うスイッチを**スナップスイッチ**（snap switch）といい，従来からよく用いられている．

スナップスイッチの例を図 **4·1** に示す．図（**a**）は，スイッチの外観を示したもので，1 と 2 の接点が導通している状態である．3 と 2 を導通させるには，点線の向きへ切り換えるようにする．また，スイッチに記載されている文字は，交流電圧

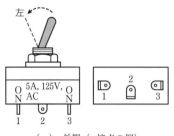

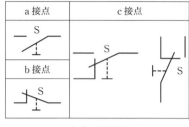

（a）外観（c接点の例）　　　　（b）図記号

図4・1 スナップスイッチ

125 V，接点に流すことのできる電流 5 A の規格を示している．図（b）は，スナップスイッチの電気用図記号（JIS，系列 1）を示したもので，スイッチの接点には次のような種類がある．

① **a接点**（arbeit contact）　操作を与えると閉じて，導通状態となり，操作を与えなければ開いている接点のことで，**メーク接点**（make contact）または **NO 接点**（normally open）という．

② **b接点**（break contact）　操作を与えると開き，不導通状態となり，操作を与えなければ閉じる接点で，**NC 接点**（normally close）とも呼ばれる．

③ **c接点**（charge over contact）a接点とb接点の2つの接点をもつ接点をいう．

スナップスイッチは，弱電関係の電源スイッチとして多く使用される．

（b）押しボタンスイッチ　押しボタンを手で押すと，接点の開閉ができ，手を離すと，スプリングの作用で，接点が自動的に元の状態に復帰するスイッチを**押しボタンスイッチ**（push button switch：PBS）という．いわゆる手動操作の自動復帰接点をもつスイッチである．図4・2に，押しボタンスイッチの構造と図記号を示す．

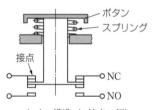

（a）構造（c接点の例）

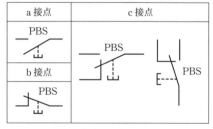

（b）図記号

図4・2 押しボタンスイッチ

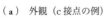

（**a**） 外観（c接点の例）

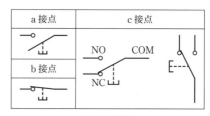

（**b**） 図記号

図4·3 残留接点付きスイッチ

　また，押しボタンスイッチには，ボタンを手で押すと接点が閉じ（または開き），その状態を保持し続け，再びボタンを押すと元の状態に復帰する**残留接点付きスイッチ**と呼ばれるものがある（図**4·3**）．図中に示したCOM（common）は，共通端子であることを表す．

　（**2**）　**検出用スイッチ**　物体の有無，温度，圧力，明るさなどの物理量を検知し，接点を自動的に開閉するスイッチで，そのおもなものを次にあげる．

　（**a**）　**リミットスイッチ**　図4·4に示すように，**リミットスイッチ**（limit switch：LS）は，レバーあるいはボタンを使って，これに機械的な力を徐々に与えていくと，ある定められた位置で，スナップアクションにより，接点を一瞬に開閉するスイッチで，位置，変位，移動，通過などを検出するものである．また，このスイッチの接点は，図**4·5**（**a**）に示すように，COM端子とNO端子を用いるとa接点を使うことになり，COM端子とNC端子を用いるとb接点となる．定格電圧は，交流では125 V，250 V，500 V，直流では8 V，14 V，30 V，125 V，250 Vなどがあり，使用温度は約－10～55℃である．

　なお，リミットスイッチの形式

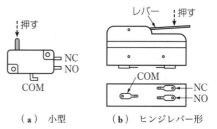

（**a**）　小型　　（**b**）　ヒンジレバー形

図4·4 リミットスイッチの種類

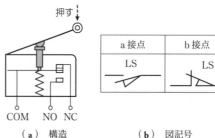

（**a**）　構造　　　　（**b**）　図記号

図4·5 リミットスイッチ

表**4·1** リミットスイッチの形式名を表す記号

基本機構		定格通電電流		接点間隔		接触形式		アクチュエータ		端子	
Z	一般形	0	0.1 A	H	0.25 mm	1	双投形	P 01	ピン押しボタン形	A	はんだ付き端子
R	手動復帰一般形	1	1 A	G	0.50 mm	2	常時閉路形			B	ねじ締め端子
Y	分割接触形	2	5 A	F	1.00 mm	3	常時開路形	L 01	ヒンジレバー形		
D	双極形	3	10 A	E	1.80 mm					C	タブ端子
A	高容量一般形	4	15 A					L 03	ヒンジローラレバー形		
V	小型	5	20 A								
S	超小型	6	25 A								
J	極超小型										

〔**使用例**〕 形式記号：V2 H3 L01 B →小型 5A 用，接点間隔 0.25 mm で，常時開路形ヒンジレバー，端子はねじ締めとしたリミットスイッチの場合.

を記号で表記するときは，表**4·1**に示す記号を使い，V2 H3 L01 B などと表す.

（**b**） **近接スイッチ** 物体に接触しないで，その有無や位置を検出するために，発振回路やブリッジ回路を内蔵し，金属体や磁性体の近づいたときの電界・磁界の変化を検知して，接点の開閉を行うスイッチを**近接スイッチ**（proximity switch：PXS）という（図**4·6**）．図**4·7**に一般的な近接スイッチの動作原理および図記号を示す.

近接スイッチにはリードスイッチ形，高周波発振形，誘導ブリッジ形がある.

溝型　　　　　角型　　　　　円柱型

図**4·6** 近接スイッチの種類

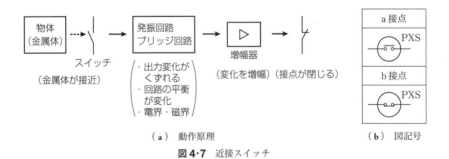

（**a**） 動作原理　　　　　　　　　　　（**b**） 図記号

図**4·7** 近接スイッチ

① **リードスイッチ形** これは，図**4·8**(**a**)に示すように，ガラス管の中に，不活性ガス（窒素と水素の混合ガス）とともに白金，金，ロジウムなどからなる接点めっきを施した接点を封入した構造をもつ. 動作時間は 1 ms 以下で，高速である.

ゴミ，油，ガスなど有害な物質の影響を受けず，寿命も長い．また接点部も小さい．

火花消去回路を付けた使用例を図（b）に示す．図（c）は，磁気を帯びた金属などが数 mm ～ 10 mm に近づくと接点が閉じる状態を示している．また，永久磁石をリードスイッチにバイアス用として設置することにより，ほかの金属が近づくと磁束が変化し，スイッチが動作するものもある．

② **高周波発振形** 図 **4・9** のように，発振回路の検出コイルに金属が近づくと，コイルのインピーダンスが変化し，発振が停止する

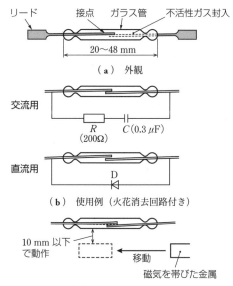

（a） 外観

（b） 使用例（火花消去回路付き）

（c） 接点が閉じる状態

図 4・8 リードスイッチ形近接スイッチ

などして接点を開閉させるスイッチである．ただし，検出物体の材質によって感度が異なる場合がある．

③ **誘導ブリッジ形** 図 **4・10** に示すように，検出コイルをブリッジ回路内に組み込んだもので，このコイルに金属などが近づくと，コイルのリアクタンスが変化し，ブリッジの平衡がくずれて出力信号が現れ，この信号によって接点を開閉する．この形式では，電源に商用周波数（50 ～ 60 Hz）を用いると，鉄などを検出でき，さらに高周波を用いることで非鉄金属の検知も可能となる．

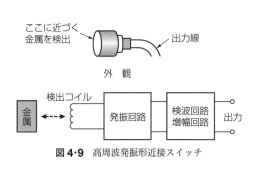

図 4・9 高周波発振形近接スイッチ

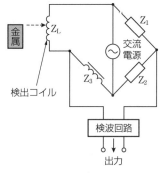

図 4・10 誘導ブリッジ形近接スイッチの回路

　近接スイッチは，近づく物体の大きさやその形状，方向，材質などで動作する位置が異なったり，温度の影響もあったりするので，留意して使用しなければならない．しかし，耐水・耐油にすぐれているので水中・油中でも使用できる．また，振動などにもすぐれていることから，自動機械の制御用に広く用いられている．

（**c**）**光電スイッチ**　図 4・11 に示すように，投光器と受光器とから構成され，物体が光路を通過するときの受光器への光量の変化を検知し，接点が開閉する非接触形のスイッチを**光電スイッチ**（photoelectric switch：PHS）という．

（**a**）　構成　　　　　　　　　　　　（**b**）　図記号

図 4・11　光電スイッチ

　投光器は，光源として**発光ダイオード**（light emitting diode）や電球などの発光素子を内蔵し，光を放射するもので，受光器は，**フォトトランジスタ**（photo transistor）や CdS（光導電セル）などの光電変換素子などの受光素子を内蔵し，光量の変化を電気信号に変換するものである．また，増幅器は，受光素子からの信号を増幅し，ある値に達するとスイッチの開閉動作を行うものである．

　なお，光電スイッチには，投光器と受光器の構成によって透過形，回帰反射形，拡散反射形などの種類がある．

　①　**透過形**　図 4・12（**a**）のように，投光器と受光器を対向させて配置し，その間に物体が入ると作動するもので，動作の安定度が高く，検出距離も長くとれる．図（**b**）は，溝の部分に物体が入るような構造にした透過形の光電スイッチで，動作位置の精度が高く，調整が容易である．

　②　**回帰反射形**　図（**c**）に示すように，投光器と受光器を同一ケース内に組み込み，これに対向した位置に反射板を配置した形式で，ケースと反射板の間を通過する物体によって生じる通過光量の変化を検出して作動するものである．配線や光軸の調整が比較的容易にできる．

　③　**拡散反射形**　図（**d**）に示すように，回帰反射形と同様，投光器と受光器を同一ケース内に組み込み，物体からの反射光を受けて作動するもので，透明体も含め，あらゆる物体を検出することができる．

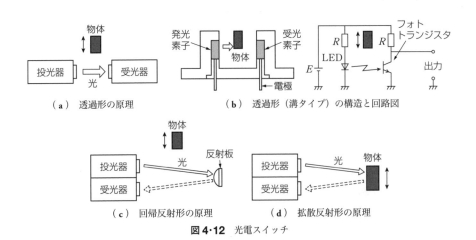

（a） 透過形の原理 　　（b） 透過形（溝タイプ）の構造と回路図

（c） 回帰反射形の原理 　　（d） 拡散反射形の原理

図4·12　光電スイッチ

以上のほか，レジスタマークや色差の微妙なマークを検出するマーク検出用反射形や，小さな凹凸も検出可能な限定反射形などのスイッチもある．

光電スイッチの取扱い上の留意点をあげると，次のようである．

①　光電スイッチの配線を動力線と同一管内に配線すると，誤動作の原因になる．

②　ほこり，腐食性ガスの多い場所，水や油などの液体の飛散する場所では誤動作することがある．

③　振動の激しい場所では，取付けがゆるみ，光軸がずれる場合もある．

2. リレー

一般に，電気的入力によって電気的出力を現し，電気回路を制御する機能をもつ装置を**リレー**（relay）または**継電器**ともいう．

リレーには，接点を開閉する有接点リレーと，半導体を使用した，接点をもたない無接点リレーとがあるが，ここでは，有接点リレーについて述べることにする．

有接点リレーには，正常時に，あらかじめ決められた入力で働くようにつくられた**制御リレー**（control relay）と，電力機器の短絡など異常な状態が発生したとき，その被害を防ぐ目的で用いられる**保護リレー**（protective relay）とがある．たとえば，制御リレーは，機械の自動化のための制御回路を構成するのに広く用いられ，保護リレーは，過電流に対する保護（過電流リレー）や，機器のコイルや機械の軸受などの温度が異常に高くなったときにコイルや軸受を保護する場合（**サーマルリレー**：thermal relay）などに用いられる．

（1） 電磁リレー 電磁リレーRは，電磁石を形成する電磁コイルと，ほかの電気回路の開閉を行う接点から構成される．電磁コイルに入力として電流を流すと，電磁力が現れ（励磁），その電磁力で出力の接点を開閉させる．また，入力の電流を断つと，電磁力は消え（消磁），出力接点はばねによって動作前の状態に戻る．

電磁リレーの簡単な説明図を図**4·13(a)**に示す．接点の形式は，COM端子とNC端子を用いるとb接点となり，COM端子とNO端子を用いればa接点となる．電磁リレーは，小型のものが機械などの制御回路に広く用いられ，次のような種類がある．

①　汎用小型電磁リレー 小型・軽量で，電磁リレーとしての特性を広範囲にもつ．

②　小型高速度リレー 動作・復帰時間がとくに速い．リードリレーを利用している．

③　小型密封リレー 不活性ガスの中に接点部が封入され，周囲環境の影響を受

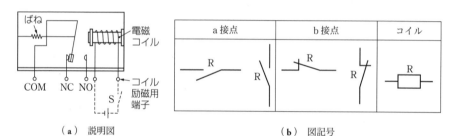

（**a**）　説明図　　　　　　　　　　　　（**b**）　図記号

図4·13　電磁リレー

表4·2　小型電磁リレーの特性例

種類	コイルの特性			動作特性					接点特性			耐電圧 [V]
	電圧 [V]	消費電力 [W]	最大連続印加電圧(対定格値)[%]	最小動作電圧(対定格値)[%]	最大復帰電圧(対定格値)[%]	動作時間 [ms]	復帰時間 [ms]		接触抵抗 [mΩ]	負荷容量 [W]	寿命 [万回]	
汎用小型電磁リレー	DC6〜100 AC6〜200	0.3〜0.9 1〜1.3	110〜200 100	80以下	10以上 30以上	20以下	30以下		50以下	30〜200	50〜100	1000
小型高速度リレー	DC6〜48	0.2〜0.3	200	80以下	10以上	0.5以下	0.1以下		250以下	6〜10	1000〜10000	200〜500
小型密封リレー	DC6〜100 AC6〜200	0.3〜0.9 1〜1.3	110〜200 110	80以下	10以上 30以上	20以下	30以下		50以下	30〜200	10〜1000	500〜1000

けない電磁リレーである.

④　小型高感度リレー
わずかの入力で動作を完了
する.

**⑤　小型ラッチインリ
レー**　動作状態を記憶し,
無電力で動作保持を行う.

⑥　高周波リレー　高周
波回路の開閉に適し, 損失
も少ない.

　表4·2に, 汎用小型電
磁リレー, 小型高速度リ
レー, 小型密封リレーの特
性を示す (電磁リレーを使
用する場合, とくに接点の
負荷容量を考えなければ
ならない). また, 図4·14
に, 汎用小型電磁リレーお
よび小型高速度リレーの構
造を示す.

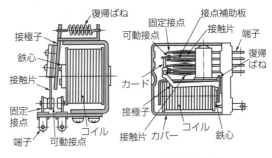

（a）　汎用小型電磁リレー

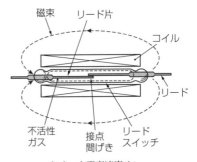

（b）　小型高速度リレー

図4·14　各小型電磁リレーの構造[1]

　なお, 電磁リレーの長所としては, 開閉負荷容量が大きい, 耐温度特性が良好,
入力と出力が分離でき, 電気的ノイズに対して安定しているなどがあげられる. 一
方, 短所としては, 消費電力が比較的大きい, 動作速度が遅い, 可動部をもつため
寿命に限界があるなどがあげられる. ただし, 今日では, 電磁リレーの小型化, 信
頼性の向上, 長寿命化などが進み, 高度な機能をもった制御装置に利用されつつあ
る.

（2）　電磁接触器　制御の中には, 工作機械やコンベヤなどの動力源として使わ
れるモータや, 熱源となるヒータなどは, 大きな電力を必要とするため, 大電力を
消費する負荷の回路を開閉しなければならない場合も多い. このため, 図4·15の
ような回路が必要となる. 図中の太線で示した回路が大電力を消費する負荷回路
で, これを主回路といい, 主回路の開閉制御に必要な回路を補助回路という.

　このように, 大電力の主回路を開閉するために接点の負荷容量や耐圧などを

考慮してつくられたのが**電磁接触器**
(electromagnetic contactor) で あ る.
図4・16に電磁接触器の構造と図記号を
示す.

電磁接触器は, 一般に, 主回路, 補助
回路, 励磁用コイル (CMC) によって
構成され, その機能は, 図4・17に示す
とおりである.

図(a)の回路は, 三相モータの運転・

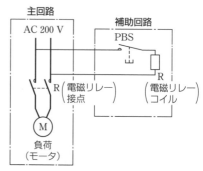

図4・15 主回路と補助回路の関係

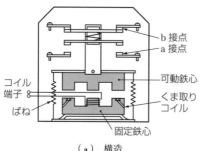

（a）構造

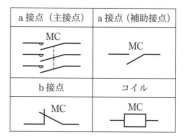

（b）図記号

図4・16 電磁接触器

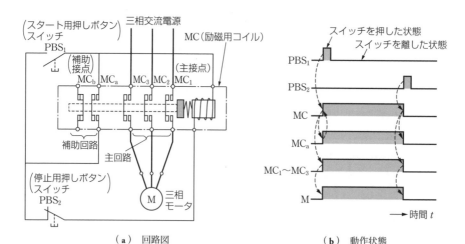

（a）回路図 　　　　　　　　　　　　　　　　（b）動作状態

図4・17 電磁接触器の回路図と動作状態

停止を行うための接続図を示すもので，励磁用電磁コイル：MC，主接点：$MC_1 \sim$
MC_3，補助接点：MC_a，MC_b，押しボタンスイッチのa接点，b接点をそれぞれ
PBS_1，PBS_2とすれば，その動作は，次のようである．

まず，スタート用押しボタンスイッチPBS_1を押すと，電源から流入した電流は
PBS_2を通り，励磁コイルMCを流れ，MCは励磁されると同時に，補助接点MC_a
および主接点$MC_1 \sim MC_3$が閉じ，三相モータは回転を始める．

ここで，PBS_1の接点が離れても，電流はMC_aを流れ，MCを励磁し続けるの
で，主回路の接点は閉じたままの状態を保っている．この状態を"自己保持する"
といい，この場合の補助回路は，自己保持回路を形成するのに利用されている．

次に，停止用押しボタンスイッチPBS_2を押すと，MCに流れている電流が遮断
され，MCは消磁され，MC_aおよび$MC_1 \sim MC_3$の接点が開き，モータの電源が
断たれて，回転は停止する．

（3）**電磁開閉器** 電磁接触器にサーマルリレーを組み合わせたリレーを**電磁開**
閉器（electromagnetic switch）と呼ぶ．サーマルリレーは，負荷に異常が発生し，
過大な電流が流れた場合に，サーマルリレー（THR）のヒータが加熱され，あら
かじめ定められた時間に達すると**バイメタル**（bimetal）がわん曲し，b接点を開
くというものである．

図**4·18**は，図**4·17(a)**の電磁接触器の回路にサーマルリレーを付加したモータ
運転回路を示したものである．また，図**(b)**は，サーマルリレーが働いた場合の
モータの動作状態を示したもので，図からわかるように，サーマルリレーが働く

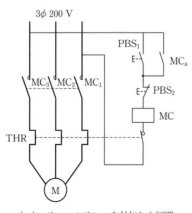

（a）サーマルリレーを付加した回路

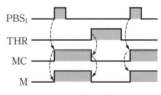

（b）動作状態

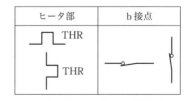

（c）サーマルリレーの図記号

図4·18 モータ運転回路

と，励磁コイル（MC）を消磁し，主回路を開いてモータを保護する．なお，サーマルリレーの接点の復帰は手動で行う．

3. タイマ

コイルに入力電圧が加えられた後，あらかじめ定められた時間だけ遅れて出力側の接点を開閉するリレーを**タイマ**（timer）という（図4・19）．タイマには，動作の形式によって，オンディレータイマ（限時動作リレー）とオフディレータイマ（限時復帰リレー）がある．

図4・19 タイマの外観

（1）**オンディレータイマ** コイル TLR に入力信号（電流を流すこと）が与えられると，一定時間経過した後，出力側のa接点を閉じ（またはb接点を開き），入力信号を断つと，瞬時に出力側の接点が元の状態に復帰するというリレーである．図4・20に，オンディレータイマの図記号と動作を示す．

オンディレータイマは，運転・停止をひんぱんに繰り返すような機器，たとえば，ルームエアコンや冷蔵庫などに広く利用されている．

（2）**オフディレータイマ** コイル TLR に入力信号が与えられると，瞬時に出力側の接点が開閉し，入力信号を断つと，ある設定した時間を経過後，出力側の接点が元の状態に復帰するというリレーである．図4・21に，オフディレータイマの図記号と動作を示す．

オフディレータイマ

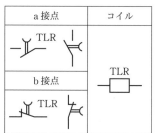

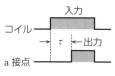

τ：遅延時間
TLR：time lay relay
（限時リレーの略）

図4・20 オンディレータイマの図記号と限時動作

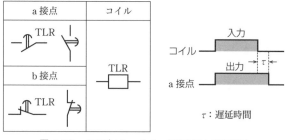

τ：遅延時間

図4・21 オフディレータイマの図記号と限時復帰

は，たとえば，コピー機やプロジェクターなどにみられるように，停止用スイッチを操作したとき，ランプは直ちに消灯するが，冷却用のファンはしばらく回転を続けさせるというような場合に利用される．

（3） タイマ利用の回路 ここで，オンディレータイマを用いて，モータを一定時間回転させる動作回路を考えてみよう．

図 **4·22**（**a**）は，スイッチを押すと直ちに作動し，一定時間経過すると自動的にモータを停止させる回路を示したものである．図において，押しボタンスイッチ PBS を押すと，電磁リレー R が励磁され，同時に，自己保持となる．このため，オンディレータイマ TLR およびモータ M が通電され，モータは回転を始める．

次に，あらかじめ設定した時間 τ が経過すると，TLR の b 接点が開いて，自己保持回路を解除し，負荷のモータへの通電が停止し，回転は止まる．図（**b**）はその動作状態を表したものである．なお，この回路における電磁リレー R の接点は，モータに流れる電流以上の定格の接点負荷容量をもつものでなければならない．

図 **4·22** の回路を，ルームエアコンや扇風機などで就寝前に適当な時間だけつけたいときに利用すると，スイッチの切り忘れを防止することができる．

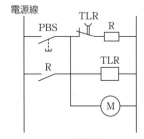

（**a**） 一定時間動作回路

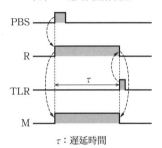

τ：遅延時間

（**c**） 動作状態

図4·22 オンディレータイマ利用の回路例

4. カウンタ

制御回路では，物体を計数したり，計数結果を用いて機器を制御する場合がある．たとえば，コンベヤで運搬される製品を数えたり，一定数量になるとコンベヤを停止させたりする計数制御に**電磁カウンタ**（magnetic counter：**MC カウンタ**とも呼ぶ）が用いられる．最近では，電子式カウンタが多く用いられるが，有接点式では電磁カウンタが一般的である．

（1） カウンタの基本 電磁カウンタは，図 **4·23**（**a**）に示すように，電磁コイルに電流が流れたときの電磁力の働きでアーマチュアを吸引し，数字車を1溝ずつ

回転させることによって数値の表示を行うものである. 図(b)は, リミットスイッチと組み合わせて製品の数を計数する例である.

電磁カウンタには, あらかじめ計数量を設定し, その設定値に達したとき内蔵されているスイッチが作動するものがあり, これを **PMC カウンタ** (preset magnetic counter) といい, 計数制御に用いられる.

PMC カウンタには減算式と加算式とがあり, 減算式カウンタは, 初期設定値から減算していき, 0 になると内蔵の小型リミットスイッチを作動させるカウンタで, 加算カウンタは, 0 からスタートし, 設定値に達するとリミットスイッチが作動するカウンタである. また, 図 **4·24** に示すように, 基本回路には**カウントコイル** (count coil : CC) と**リセットコイル** (reset coil : RC) が取りつけられ, CC に電流が流れると計数を開始し, RC に電流が流れると元の状態 (加算式では 0, 減算式では初期設定値) に戻るようになる.

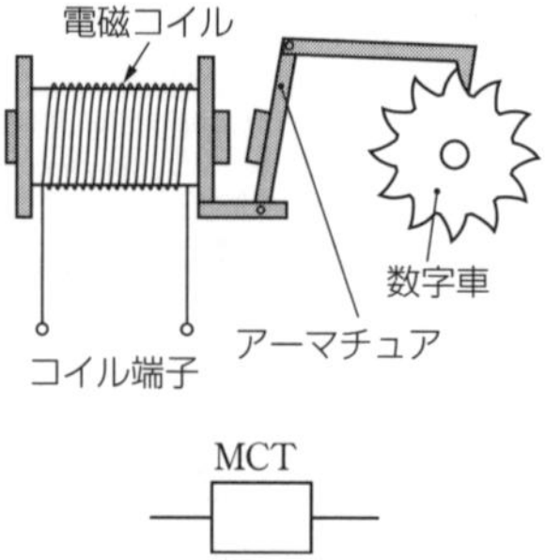

(2) カウンタ利用の回路

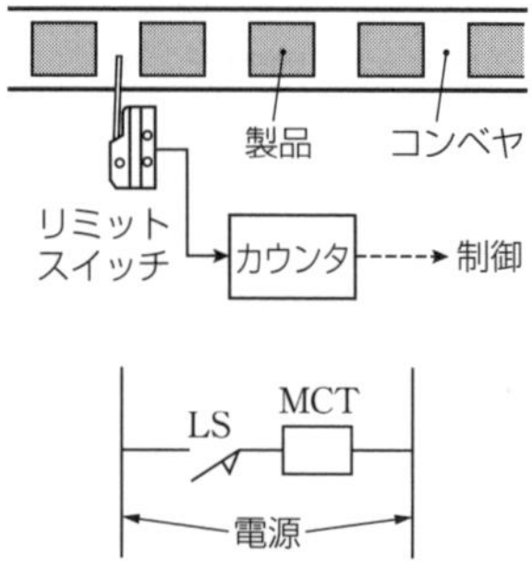

PMC カウンタの利用例を図 **4·25** に示す. 同図は, 流れてくる製品をカウントして, 設定値の数だけを取り出すことを考えた回路で, 以下のような動作を行う. なお, PHS は光電スイッチで, SV はシリンダ (cylinder) を作動させるためのソレノイドバルブ (solenoid valve) である.

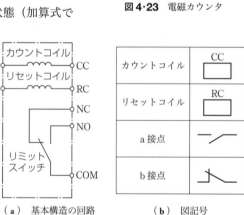

図 4·23 電磁カウンタ

(a) 構造と図記号

(b) 使用例

(a) 基本構造の回路 　　 (b) 図記号

図 4·24 PMC カウンタ

いま, 減算式の PMC カウンタを用いることとし, その初期設定値を 100 とする. 流れてくる製品を検出して光電スイッチ PHS が働くと, カウントコイル CC に通

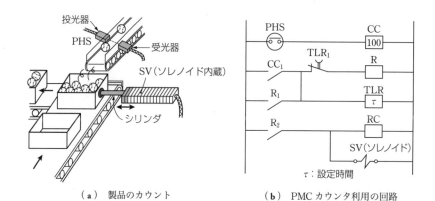

（a）製品のカウント　　　　　　（b）PMC カウンタ利用の回路

図 4·25 PMC カウンタの利用例とその回路

電し，カウンタは減算を開始する．そして，この計数を続け，設定値の 100 に達すると，CC が 0 になり，その接点 CC_1 が閉じる．続いて，電磁リレー R が自己保持されるとともに，リセットコイル RC が通電し，カウンタの設定値 100 に戻り，CC_1 も開く．これにより，シリンダが作動し，箱詰めされた製品を次のコンベヤへ押し出し，タイマ TLR が動作するまで次の製品をストップする．次いで，TLR の設定時間 τ 後，接点 TLR_1 が開き，自己保持を解除するとともにシリンダを復帰させ，再び製品のカウントを開始する．

4·2 │ 電子用部品とその回路

半導体素子を利用した制御を**電子制御**と呼び，メカトロニクス技術には欠かすことのできないものである．

電子機械やメカトロニクス機器・製品の制御回路に用いられている各種の電子用部品の中で，代表的な半導体素子の働きについて以下に述べる．

1. ダイオード

電流を一方向だけ通すような素子で，整流用・検波用・論理用などがあり，点接触形と接合形に分けられる．

（1）**ダイオードの特性と回路**　ダイオード（diode）の名称は，表 **4·3** のように "1 S" に続いて記号と数字で表示することになっている．また，ダイオードの

表4·3 ダイオードの表示（JIS C 7012：1982 *
より抜粋）

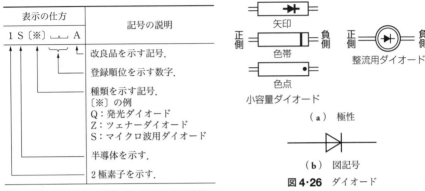

表示の仕方	記号の説明
1 S〔※〕▢▢ A	改良品を示す記号.
	登録順位を示す数字.
	種類を示す記号. 〔※〕の例 Q：発光ダイオード Z：ツェナーダイオード S：マイクロ波用ダイオード
	半導体を示す.
	2極素子を示す.

（a） 極性

（b） 図記号

図4·26 ダイオード

* 1993年に廃止され，（社）電子情報技術産業協
会（JEITA）のED−4001Aに規格化されている.

表4·4 ダイオードの内部構造による分類

形名		点接触形	接合形		
			合金形	ボンド形	拡散形
構造		〔図〕	〔図〕	〔図〕	〔図〕
用途	Si （シリコン ダイオード）	マイクロ波帯検波・ 混合用	大電流整流用	高周波用	整流用 スイッチング用
	Ge （ゲルマニウム ダイオード）	一般用（検波・整流・ 変調など）	一般整流用	スイッチング用	整流用

極性は，図4·26に示すように，電流の流れやすい方向に矢印をつけて示すが，負
側に色帯や色点などで表示する.

　なお，表4·4は，ダイオードを内部構造で分類した例を示したものである.

　（a）　ダイオードの特性　ダイオードの特性は，図4·27（a），（b）に示す回路
で測定できる．すなわち，ダイオードの両極に加える電圧を変化させ，順方向電圧
V_Fに対する電流I_Fを，逆方向電圧V_Rに対する電流I_Rを測定すれば，図（c）に
示すような電圧−電流特性が得られる（Si：シリコンダイオード，Ge：ゲルマニウ
ムダイオード）．なお，電流が流れ始める順方向電圧の値は，Siで約0.5 V，Geで
約0.1 Vである.

　ダイオードを実際に使用する場合には，規格表の定格値をこえないように充分に
注意しなければならない.

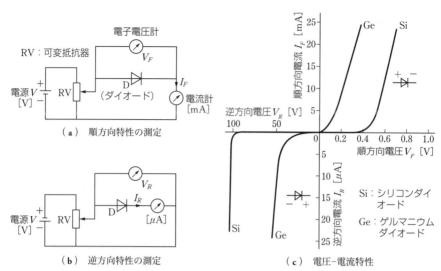

図 4·27 ダイオードの特性

表 4·5 ダイオードの規格例[*1]

形名	最大定格 ($T_a = 25℃$)			電気的特性				動作特性
	V_{RM}[*2] [V]	V_R[*2] [V]	I_O[*2] [A]	V_F [V]	I_F [A]	I_R [μA]	V_R [V]	
1 S 2390	50	—	$1(T_a=25℃)$	1	1	5	50	—
1 S 2391	100	—	$1(T_a=25℃)$	1	1	5	100	—
1 S 2392	200	200	$1(T_a=25℃)$	1	1	1	200	C[*3]$= 50$ pF $\quad C$[*3]$= 8$ pF ($V_R = 0$) $\quad$ ($V_R = 50$ V)
1 S 2393	300	—	$1(T_a=25℃)$	1	1	5	300	
1 S 2394	400	400	$1(T_a=25℃)$	1	1	1	400	C[*3]$= 50$ pF $\quad C$[*3]$= 8$ pF ($V_R = 0$) $\quad$ ($V_R = 50$ V)

〔注〕 *1 時田元昭:最新ダイオード規格表, 一般・整流用, CQ 出版社, 1979 より.
　　　 *2 V_{RM}:最大尖頭逆方向電圧, V_R:最大直流逆方向電圧, I_O:最大平均整流電流
　　　 *3 C:静電容量 [pF]

表 4·5 に, ダイオードの規格例を示す.

（b）　ダイオードの回路　ダイオードを用いて図 4·28(a)のような回路を構成したときの, 流れる電流 I_F とダイオードに加わる電圧 V_F を求めてみよう.

いま, 電源電圧を V とし, ダイオード D に直列に抵抗 R を接続するものとする. また, ダイオード D の特性は, 図(b)のような V_F-I_F 特性をもつものとする.

以上のような条件において, V と V_F および抵抗の電圧降下 V_R の間には

$$V = V_F + V_R = V_F + I_F \cdot R$$

が成立するから，これより，回路に流れる電流 I_F は次式のようになる．

$$I_F = -\frac{1}{R}V_F + \frac{V}{R} \qquad (4\cdot1)$$

式(4·1)は，図 4·28(a)における V_F と I_F の関係を表したものである．一方，V_F と I_F は図(b)の特性曲線上の値でなければならないから，式(4·1)を特性曲線上に描き，その交点Pを求めればよい．

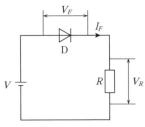

（a）ダイオードと抵抗の直列回路

たとえば，$V = 2\,\text{V}$，$R = 200\,\Omega$ とすれば，式(4·1)より

$$I_F = -\frac{1}{200}V_F + \frac{2}{200}$$

$$= -5\,V_F + 10\,[\text{mA}]$$

となり，この式を図(b)に描けば，破線のような直線となる．したがって，その交点Pより，$I_F \fallingdotseq 6.6\,\text{mA}$，$V_F = 0.68\,\text{V}$ を得る．

以上が，V_F–I_F 特性曲線を用いて I_F を求める方法であるが，簡単に計算で I_F を求めるには，

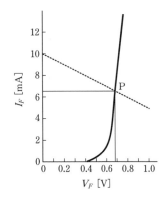

（b）V_F–I_F 特性

図 4·28 ダイオードの回路

ダイオードの電圧降下 V_F を約 $0.6 \sim 0.9\,\text{V}$ として，式(4·1)に代入すればよい．前述の例では

$$I_F \fallingdotseq -\frac{0.7}{200} + \frac{2}{200} = 6.5\,[\text{mA}] \quad (\text{ただし，}\ V_F \fallingdotseq 0.7\,\text{V にとった場合})$$

となる．

（c）　**整流回路**　交流を直流に変換する整流回路を図 4·29 に示す．図(a)は，1個のダイオードを用いた半波整流回路（half wave rectification circuit）で，図(b)は，4個のダイオードを用いたブリッジ整流回路（bridge rectification circuit）である．

図(a)の半波整流回路は，$v_i > 0$ ならばダイオードに順方向電圧が加わり，その周期だけ抵抗 R に電流が流れ，出力電圧 v_o が現れる．逆に，$v_i < 0$ ならば，ダイオードに逆方向電圧が加わり，ダイオードの抵抗は無限大となり，電流は流れない．したがって，半波整流の出力は，入力電圧 v_i の正のときだけ現れることになる．

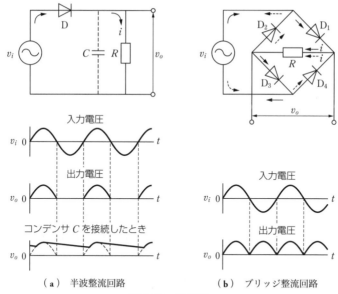

（**a**）半波整流回路　　　（**b**）ブリッジ整流回路

図 4·29　整流回路

　図（**b**）のブリッジ整流回路においては，$v_i>0$ ならば，ダイオード D_1 と D_3 に順方向電圧が加わり，D_2 と D_4 には逆方向電圧が加わる．したがって，電流 i は，電源 → D_1 → R → D_3 → 電源と流れる．また，$v_i<0$ の場合は，D_2 と D_4 に順方向，D_1 と D_3 に逆方向の電圧が加わるので，電流 i は，同図の破線で示すように，電源 → D_4 → R → D_2 → 電源へと流れ，入力電圧 v_i の負の周期でも出力電圧 v_o が現れることになる．

　（**2**）　**各種のダイオード**　一般に，ダイオードは，交流を直流に変換する整流用素子として，また，高周波を低周波に変換する検波用素子として使用される場合が多い．ここでは，そのほかの代表的なダイオードについて述べる．

　（**a**）　**ツェナーダイオード**　接合形ダイオードに逆方向電圧を加え，その電圧を高くしていくと，ある電圧を境にして電流が急激に増加する．それ以降，電流の流れている間はダイオードの端子電圧はほぼ一定となる．このときの電圧 V_Z を**ツェナー電圧**（zener voltage），または**降伏電圧**（breakdown voltage）と呼び，このような定電圧特性を利用したダイオードを**ツェナーダイオード**（zener diode）または**定電圧ダイオード**（voltage-regulation diode）と呼んでいる．

　図 **4·30** にツェナーダイオードの特性を示す．図（**a**）のようにツェナー電圧の低

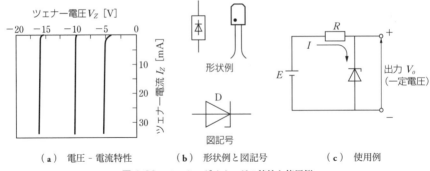

（a） 電圧 - 電流特性　　　（b） 形状例と図記号　　　（c） 使用例

図4·30　ツェナーダイオードの特性と使用例

いダイオードは，比較的緩やかな電流の立ち上がりで，電流が大きくなるにつれて定電圧特性を示す．これに対し，約5V以上のツェナー電圧のダイオードでは急激な立ち上がりの特性をもっている．

　ツェナーダイオードの定電圧特性を利用して，安定化電源回路や保護回路などに使用されている．とくに，Si形のものは，ツェナー電圧が数100［V］のものも製造されており，広く工業用の定電圧半導体素子として用いられている．

　（b）　LED　発光ダイオード（light emitting diode）の略で，ガリウムひ素（GaAs），ガリウムりん（GaP）やガリウムひ素りん（GaAsP）などの金属化合物半導体からつくられ，順方向に5～50mAくらいの電流を流すと発光する．発光色は化合物や種類によって異なるが，一般に，GaPでは赤・緑・黄色，GaAsPでは赤・黄色が多い．最近では，高輝度用LEDや種々の発光色をもつものなどが開発されている（図4·31）．

　LEDは信頼性が高く，安価・小型で，非常に応答が速く（たとえば，100nsでも応答する），寿命も長いという特長をもっているため，各種の表示装置や光通信および検出器などへの光源として用いられている．なお，検出器の光源に使用する場合は，GaAsの赤外線発光ダイオードが一般にすぐれている．

　図4·32にLEDの簡単な使用例を示す．図（a）のように，LEDは，順方向に電流を流し，抵抗によって適当な大きさの電流に調整すれば，点灯する．逆方向に電圧を加えると，破壊のおそれを生じる．図（b）の例は，電源電圧12Vでトランジスタ（後述）によってLEDを発光させるもので，トランジスタのベース電極に電流が流れると，LEDは点灯し，ベース電流が流れなければ消灯する．

　（c）　フォトダイオード　光起電力効果を応用したものが**フォトダイオード**

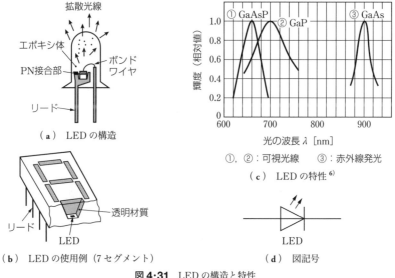

（a） LED の構造

（c） LED の特性 [6]

①, ②：可視光線　③：赤外線発光

（b） LED の使用例（7 セグメント）

（d） 図記号

図 4·31 LED の構造と特性

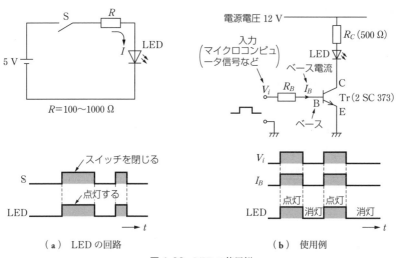

$R = 100 \sim 1000\ \Omega$

（a） LED の回路

（b） 使用例

図 4·32 LED の使用例

（photo diode）で，ダイオードの接合部分に光を当てると電流が流れ，光を遮断すると電流はほとんど流れなくなる．

　フォトダイオードは，当たる光の波長範囲が広範囲に使え，感度の直線性や応答速度もよい．このため，非接触の計測や遠隔の計測に光ファイバとともに使用さ

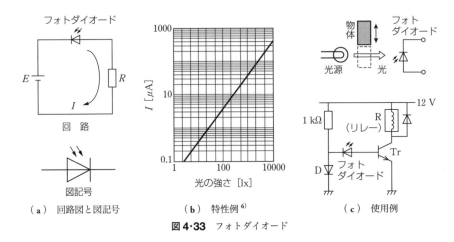

（ a ） 回路図と図記号 　　　（ b ） 特性例 [6] 　　　（ c ） 使用例

図 4·33 フォトダイオード

れ，また，情報処理機器の読取り装置のセンサとして広く用いられている．

　図 4·33 は，フォトダイオードを使った回路図と図記号，特性例および使用例を示したものである．図（a）のように，フォトダイオードにわずかな逆方向電圧を加え，光を当てると，光の強さに比例した電流が流れる．図（b）は特性例を示したもので，流れる電流はダイオードに加える電圧の大きさにはほとんど影響されず，照射した光の強さに応じて変化する．なお，図（c）は，高感度リレーを光によって動作させるフォトダイオードの使用例で，500 lx 以上の光による光スイッチである．

2. トランジスタ

　Si（シリコン）や Ge（ゲルマニウム）の半導体中に，N 形半導体（negative semiconductor）と P 形半導体（positive semiconductor）の三重層を構成し，増幅・発振・スイッチングなどの機能をもたせたものを**トランジスタ**（transistor）という．

　（1）　**トランジスタの構造と特性**　トランジスタは，図 4·34（a）に示すように，形状と大きさには種々あるが，基本的には 3 個の電極〔**ベース**（base），**エミッタ**（emitter），**コレクタ**（collector）〕をもっている．図（b）は NPN 形トランジスタと PNP 形トランジスタの図記号を示したもので，エミッタの矢印は，電流の流れる方向を表している．図（c）は，もっとも一般的なエミッタ接地方式による各電極の電流の流れる方向を示したもので，トランジスタに小さい入力電流 I_B（ベース電流）を流すと，大きい出力電流 I_C（コレクタ電流）が流れ，増幅することがで

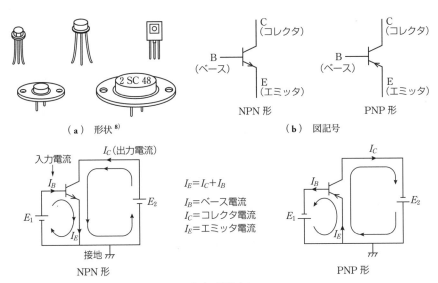

(a) 形状 [8]　　　　　　(b) 図記号

$I_E = I_C + I_B$

I_B＝ベース電流
I_C＝コレクタ電流
I_E＝エミッタ電流

NPN 形　　　　　　　　PNP 形

(c) 電流方向

図 4·34 トランジスタ

きる.

(a) トランジスタの構造　トランジスタの表示は，表 4·6 のように "2 S" に続いて記号と数字で示すことになっている．また，トランジスタの扱う周波数が低周波（20 Hz 〜 20 kHz）の場合には "2 SB" "2 SD" のタイプを使い，高周波の場合には "2 SA" "2 SC" のタイプを使うのが一般的である．

図 4·35 はトランジスタ

表 4·6 トランジスタの表示（JIS C 7012：1982 [*] より抜粋）

表示記号	記号の説明
2 S〔※〕┗┻┛ A	改良品を示す記号.
	登録順を示す数字（11 から始まる）.
	種類と用途を示す記号.
	半導体を示す. ⎫
	3 極素子を示す. ⎭ トランジスタの意

〔**注**〕〔※〕に入る記号の例
　A：PNP 形高周波用，B：PNP 形低周波用，C：NPN 形高周波用，D：NPN 形低周波用，F：P ゲート形サイリスタ，G：N ゲート形サイリスタ，H：単接合トランジスタ，J：P チャネル形 FET，K：N チャネル形 FET，M：3 極双方向サイリスタ
[*] 1993 年に廃止され，(社) 電子情報技術産業協会（JEITA）の ED-4001A に規格化されている.

の構造を示したもので，アロイ形，メサ形，プレーナ形がある．

アロイ形（合金接合形）　合金を接合した構造で，ベースは，N 形の Ge（厚さ 0.2 mm 程度）で，この両側から In（インジウム）を溶かして接合した構造になっ

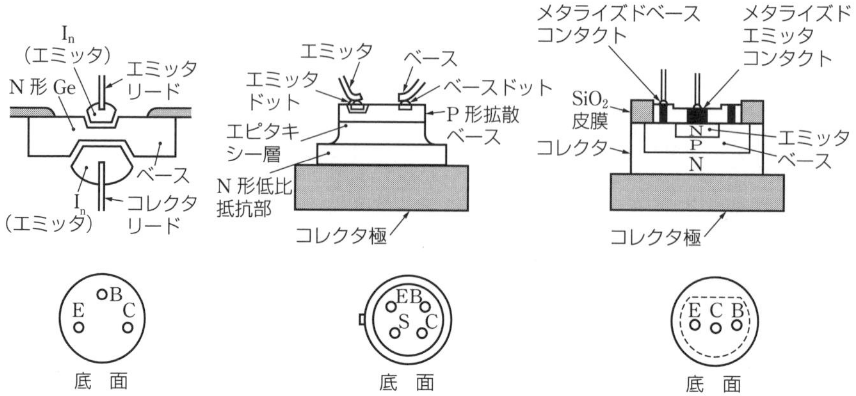

In
(エミッタ)
エミッタ
リード
N形Ge
ベース
In
(エミッタ)
コレクタ
リード
エミッタ
ベース
エミッタ
ドット
ベースドット
P形拡散
ベース
エピタキ
シー層
N形低比
抵抗部
コレクタ極
メタライズドベース
コンタクト
メタライズド
エミッタ
コンタクト
SiO2
皮膜
コレクタ
N
P
N
エミッタ
ベース
コレクタ極
B
E
C
底　面
EB
S
C
底　面
E C B
底　面

（a） アロイ形　　（b） メサ形　　（c） プレーナ形

図 4·35 トランジスタの構造

ている．In の一部が Ge 中に溶け，P 層が形成される．この形は，初期のころからもっとも多く使われ，量産性にすぐれ，安価である．

メサ形　P 形 Ge の薄い単結晶片を，N 形不純物を含んだ蒸気中で加熱し，表面に N 形のベース層を形成させたもので，Au，Sb の合金と Au とをわずかに離して蒸着し，合金化する．この形は，コレクタの放熱性がよく，高周波における性能がよい．

プレーナ形　N 形 Si の半導体の表面に，厚い SiO_2（酸化けい素）の被膜をつくり，表面をコレクタ基板として，拡散法でベースやエミッタ接合を形成させたものである．表面が平坦になっているので，プレーナと呼ばれ，信頼度が高く，温度の変化にも安定しており，低雑音などの特長をもっている．

（b） トランジスタの特性　図 **4·36** に示す回路でトランジスタの特性は測定することができる．この場合，トランジスタに加える電圧と，流れる電流を測定し，

IC
mA
IB
μA
B
C
E
IE
V
VBB
VBE
V
VCE
VCC

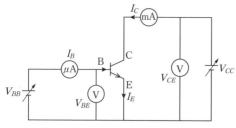

V_{BB}，V_{CC}：可変エリミネータ電源
V_{BE}：ベース - エミッタ間の電圧［V］
V_{CE}：コレクタ - エミッタ間の電圧［V］
I_B：ベース電流［μA］
I_C：コレクタ電流［mA］

図 4·36 トランジスタの特性測定回路

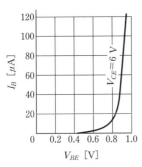 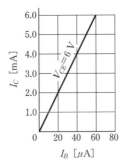 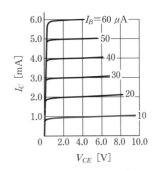

（**a**） V_{BE}-I_B 特性：入力特性 （**b**） I_B-I_C 特性：電流伝 （**c**） V_{CE}-I_C 特性：出力特性
達特性

図 4·37 トランジスタの特性図

その関係をグラフに表した特性曲線を**静特性**（static characteristics）という.

図 4·37（**a**）は，V_{CE} を一定に保ち，ベース - エミッタ間に順方向電圧を加えた
ときの，V_{BE} と I_B との関係を表したもので，**V_{BE}-I_B 特性**または**入力特性**といい，
図（**b**）は，V_{CE} を一定に保ち，I_B と I_C との関係を表したもので，**I_B-I_C 特性**また
は**電流伝達特性**という．この特性からトランジスタの**直流電流増幅率**（h_{FE}）を求
めることができる．また，図（**c**）は，I_B を一定に保ち，V_{CE} と I_C の関係を表した
もので，**V_{CE}-I_C 特性**または**出力特性**という．

上述した直流電流増幅率とは，コレクタ電流 I_C とベース電流 I_B の比を h_{FE} で表
したもので

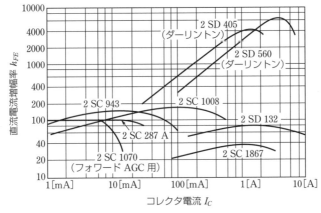

図 4·38 各種トランジスタの h_{FE} のコレクタ電流に対する変化の例

$$h_{FE} = \frac{I_C}{I_B} \qquad (4\cdot2)$$

で求めることができる．ここで，図 $4\cdot37(\,b\,)$ における h_{FE} を求めてみると

$$h_{FE} = \frac{2\,\mathrm{mA}}{20\,\mu A} = 100$$

となる．

直流電流増幅率 h_{FE} のコレクタ電流に対する変化の例を図 $4\cdot38$ に示す．

（c） **トランジスタの最大定格**　トランジスタを実際に使用する場合に，知っておかなければならない事項として，最大定格がある．最大定格をこえて使用すると，トランジスタは燃損などで破壊してしまう．

① V_{CBm}：コレクタ – ベース間の耐電圧の最大値．

② V_{CEm}：コレクタ – エミッタ間の耐電圧の最大値．

③ I_{Cm}：コレクタ電流の最大定格値．

④ P_{Cm}：コレクタで許容できる電力損失で，V_{CE} と I_C の積で表される．V_{CE} や I_C が最大定格値内であっても，$V_{CE} \times I_C$ が P_{cm} の値をこえて使用してはならない．したがって，使用できる範囲は，図 $4\cdot39$ に示すとおりである．

⑤ T_j：トランジスタ内部の接合部温度上昇の限界．

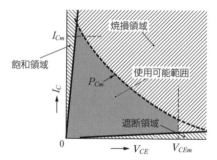

図4·39　トランジスタの使用可能な範囲

（2） **トランジスタの基本回路**　トランジスタを使用した基本的な回路を図 $4\cdot40(\,a\,)$ に示す．ここで使用するトランジスタの静特性は図（b）とする．

いま，このトランジスタの回路における各部の電圧・電流および増幅について，特性曲線を利用して求めてみよう．

〔各部の電圧・電流の求め方〕

図 $4\cdot40(\,a\,)$ において，入力側の回路に着目すると，次の関係が成立する．

$$V_{BB} = V_{BE} + V_B = R_B I_B + V_{BE}$$

$$\therefore\ I_B = -\frac{1}{R_B} V_{BE} + \frac{V_{BB}}{R_B} \qquad (4\cdot3)$$

式（4·3）に各数値を代入すると

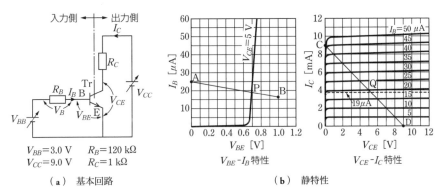

図 **4·40** トランジスタの基本回路と静特性

$$I_B = -\frac{1}{0.12} V_{BE} + 25 \quad [\mu\text{A}] \tag{4·4}$$

式(**4·4**)は，図 **4·40**(**a**)の入力側における I_B と V_{BE} の関係を示す式であり，この式のグラフを図(**b**)の V_{BE}-I_B 特性中に描くと，直線 AB を得る．直線 AB と特性曲線の交点 P より，I_B および V_{BE} が求められる．すなわち

$$I_B \fallingdotseq 19\,\mu\text{A}, \quad V_{BE} \fallingdotseq 0.71\,\text{V}$$

一方，図 **4·40**(**a**)の出力側の回路に着目すれば，次の式が成立する．

$$V_{CC} = V_{CE} + V_C = V_{CE} + R_C I_C$$

$$\therefore \quad I_C = -\frac{1}{R_C} V_{CE} + \frac{V_{CC}}{R_C} \tag{4·5}$$

式(**4·5**)に各数値を代入すると

$$I_C = -V_{CE} + 9 \quad [\text{mA}] \tag{4·6}$$

式(**4·6**)は図 **4·40**(**a**)の出力側における I_C と V_{CE} の関係を示す式で，これをグラフにして図(**b**)の V_{CE}-I_C 特性中に描くと，直線 CD を得る．そして，直線 CD と $I_B = 19\,\mu\text{A}$（破線）との交点 Q より，I_C および V_{CE} の値が求められる．すなわち

$$I_C \fallingdotseq 3.8\,\text{mA}, \quad V_{CE} \fallingdotseq 5.2\,\text{V}$$

ここで，$V_{BE} \fallingdotseq 0.71\,\text{V}$ をベースの**バイアス電圧**（bias voltage），$I_B \fallingdotseq 19\,\mu\text{A}$ を**バイアス電流**（bias current）といい，直線 CD を負荷線（load line），点 Q を動作点（operating point）という．なお，この状態における直流電流増幅率 h_{FE} は

$$h_{FE} = \frac{I_C}{I_B} = \frac{3.8\,\text{mA}}{19\,\mu\text{A}} = 200$$

である.

〔増幅作用〕

図 **4·40**(**a**)の回路に,コンデンサ C_1,C_2 を接続し,入力側に入力交流信号 v_i を加えたときの回路図を図 **4·41** に示す.C_1,C_2 は直流電流を遮断し,交流信号だけを通す働きをする**結合コンデンサ**(coupling capacitor)である.

いま,同図の回路において,入力交流信号の振幅が $10\ \text{mV}$,すなわち $v_i = 10\ \sin \omega t\ [\text{mV}]$ が加わったとすると,図 **4·42**(**a**)の V_{BE}-I_B 特性(入力特性)に示すように,$V_{BE} = 0.71\ \text{V}$ のバイアス電圧を中心として,$0.7\ \text{V}$ から $0.72\ \text{V}$ まで変化する.この変化分(交流分)の振幅を v_{be} とおけば,$v_{be} = \pm 10\ \text{mV}$ となる.また,直流分に交流分を含んだベース電流 I_{BB} は,v_{be} の変化により,$I_B = 19\ \mu\text{A}$ を中心に,$15\ \mu\text{A}$ から $23\ \mu\text{A}$ まで変化する.すなわち,交流分の振幅 i_b は,$i_b = \pm 8\ \mu\text{A}$ となる.したがって,この変化は,図 **4·42**(**b**)の V_{CE}-I_C 特性(出力特性)の負荷線 CD 上の動作点 Q($I_B = 19\ \mu\text{A}$)を中心に,点 Q_1($I_B = 15\ \mu\text{A}$)から点 Q_2($I_B = 23\ \mu\text{A}$)まで変化する.

この結果,直流分と交流分を含んだコレクタ電流 I_{CC} は,$I_C = 3.8\ \text{mA}$ を中心として,$3\ \text{mA}$ から $4.6\ \text{mA}$ まで変化し,交流分の振幅 $i_c = \pm 0.8\ \text{mA}$ となる.ゆえに,出力電圧 v_o の振幅の大きさは,$\pm 0.8\ \text{V}(i_c \cdot R_C)$ となる.よって,入力電圧 v_i に対する出力電圧 $v_o = 0.8 \sin(\omega t - \pi)\ [\text{V}]$ の変化電圧が得られる.

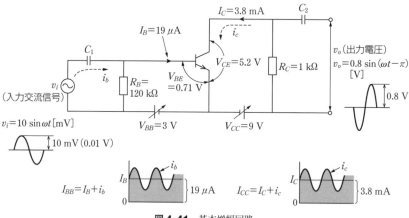

図 4·41 基本増幅回路

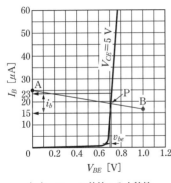

（a） V_{BE}-I_B 特性：入力特性

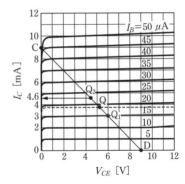

（b） V_{CE}-I_C 特性

図 4·42 増幅作用

このように，図 4·41 の回路に，入力電圧の最大値 $v_i = 10$ mV を加えると，出力電圧の最大値は，$v_o = 0.8$ V（800 mV）に増幅されることになる．

以上のことから，入力交流信号 v_i をベースに加えると，新たに交流電流 i_b，i_c が流れ，交流分を含んだベース電流 I_{BB} とコレクタ電流 I_{CC} は次のようになる．

$$\left.\begin{array}{l} I_{BB} = I_B + i_b \\ I_{CC} = I_C + i_c \end{array}\right\} \tag{4·7}$$

また，交流分を含んだコレクタ電圧 V_{ce} は

$$V_{ce} = V_{CE} - i_c \cdot R_C \tag{4·8}$$

となり，出力電圧 v_o は，次のようになる．なお，次式の −（マイナス）は，入力信号の波形に対して出力の波形が反転している意味である．

$$v_o = -i_c \cdot R_C \tag{4·9}$$

ここで，v_o と v_i の比を**電圧増幅度**といい，これを A_v で表す．i_c と i_b との比を**電流増幅度**といい，A_i で表す．

$$\left.\begin{array}{l} A_v = \left| \dfrac{v_o}{v_i} \right| \\[2mm] A_i = \left| \dfrac{i_c}{i_b} \right| \end{array}\right\} \tag{4·10}$$

さらに，電力増幅度を A_p で表すと，次のような式になる．

$$A_p = A_v \cdot A_i \tag{4·11}$$

一般に，増幅回路の増幅度は**利得**（gain）といわれ，これを G で表し，単位にはデシベル [dB] が用いられる．

$$電圧利得：G_v = 20 \log_{10} A_v \quad [\text{dB}]$$
$$電流利得：G_i = 20 \log_{10} A_v \quad [\text{dB}] \left.\vphantom{\begin{matrix}1\\1\\1\end{matrix}}\right\} \qquad (4\cdot12)$$
$$電力利得：G_p = 10 \log_{10} A_v \quad [\text{dB}]$$

式 $(4\cdot10)$ および式 $(4\cdot12)$ を用いて，前述の増幅回路について A_v，A_i，G_v，G_i を計算すると，次のようになる．

$$A_v = \left| \frac{v_o}{v_i} \right| = \frac{800\,\text{mV}}{10\,\text{mV}} = 80$$

$$A_i = \left| \frac{i_c}{i_b} \right| = \frac{800\,\mu\text{A}}{8\,\mu\text{A}} = 100$$

$$G_v = 20 \log_{10} A_v = 20 \log_{10} 80 = 38.06\,\text{dB}$$

$$G_i = 20 \log_{10} A_i = 20 \log_{10} 100 = 40\,\text{dB}$$

（3） スイッチングとダーリントン回路

（a） トランジスタのスイッチング作用　トランジスタは，デジタル的に使用する場合とアナログ的に使用する場合とがある．

スイッチング回路（switching circuit）は，トランジスタを入力信号によってデジタル的に導通状態（ON）あるいは不導通状態（OFF）の2通りの場合だけをとるようにした回路である．

図 $4\cdot43$(a)は，スイッチング回路の例を示したもので，入力信号 V_i が0のとき，ベースが開放されているので，図(b)の $I_B = 0$ の負荷線上のB点では，コレクタ電流 $I_C \fallingdotseq 0$ の状態である．すなわち，トランジスタは OFF になっている．したがって，V_{CE} は，電源電圧 V_{CC} とほぼ等しい値（$V_{CE} \fallingdotseq V_{CC}$ でトランジスタ OFF 状態）となる．

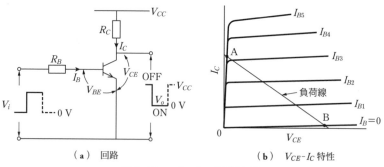

（a） 回路　　　　　　**（b） V_{CE}-I_C 特性**

図 $4\cdot43$ スイッチング回路の例

次に，入力信号 V_i を正にし，大きなコレクタ電流 I_C が流れるようベース電流 I_B を充分に与える〔図(b)で I_{B3} 以上のベース電流を流す〕と，R_C に流れる I_C は，負荷線上の A 点の値をとり，$V_{CE} \fallingdotseq 0\,\mathrm{V}$（トランジスタ ON 状態）となる．

このように，出力電圧が $0\,\mathrm{V}$ か $V_{CC}\,[\mathrm{V}]$ をとることによって，トランジスタの消費電力 $P_C(P_C = I_C \cdot V_{CE}\,[\mathrm{W}])$ がほぼ 0 となるため，小型のトランジスタでもかなり大きな負荷を制御することが可能となる．

（ b ） **ダーリントン増幅**　トランジスタの電流増幅が充分でなく，あまり大きいコレクタ電流が得られないときは，図4·44(a)のような**ダーリントン接続**（darlington connection）が使われる．

この増幅は，Tr_1，Tr_2 両トランジスタの電流増幅率 h_{FE1}，h_{FE2} の積の形となり，大きな電流増幅率が得られる．したがって，図(a)におけるコレクタ電流とベース電流の関係は次のようになる．

Tr_1 のコレクタ電流を I_{C1}，Tr_2 のベース電流を I_{B2}，コレクタ電流を I_{C2} とすれば，I_{C1}，I_{B2}，I_{C2} の値は

$$I_{C1} = h_{FE1} \cdot I_B$$
$$I_{B2} = (1 + h_{FE1}) \cdot I_B$$
$$I_{C2} = I_{B2} \cdot h_{FE2} = (1 + h_{FE1}) I_B \cdot h_{FE2}$$

したがって，$I_C = I_{C1} + I_{C2}$ より

$$I_C = h_{FE1} I_B + (1 + h_{FE1}) h_{FE2} I_B$$

ここで，$(1 + h_{FE}) \fallingdotseq h_{FE}$ として近似すれば

$$I_C \fallingdotseq h_{FE1} \cdot h_{FE2} \cdot I_B \tag{4·13}$$

図4·44(b)は，可変抵抗 RV を用いて入力電圧を調整し，モータの速度を制御

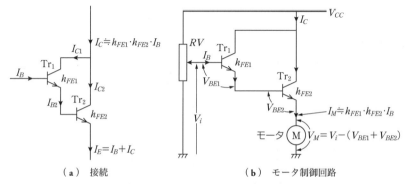

（ a ）　接続　　　　　　　　（ b ）　モータ制御回路

図4·44　ダーリントン接続とその回路

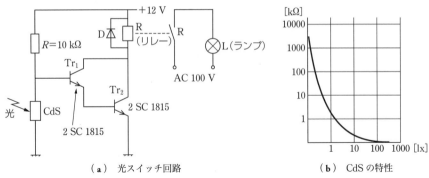

（a） 光スイッチ回路　　　　　　（b） CdS の特性

図4・45 ダーリントン接続の応用例

する回路例である．図において，モータに加わる電圧 V_M は，入力電圧 V_i からトランジスタ Tr_1，Tr_2 の各ベース-エミッタ間電圧 V_{BE1}，V_{BE2} の値を減じた電圧となる．したがって，モータを回転させるためには，$V_{BE1} + V_{BE2}$ 以上の入力電圧が必要である．また，モータに流れる電流 I_M は，$I_M \fallingdotseq I_C$ と考えられるので，$I_M \fallingdotseq h_{FE1} \cdot h_{FE2} \cdot I_B$ となる．

　図4・45（a）は，光センサとしてよく用いられる CdS を使って光スイッチをつくった回路図である．この回路は，暗くなるとリレーが働いてランプが点灯し，明るくなると消灯する制御ができる．この例は，リレーを駆動させるのに充分な電流をつくるために，トランジスタのダーリントン接続を利用したものである．なお，CdS は，光の強さを抵抗の変化に変換する半導体であり，図（b）のような特性をもっている．

　以上のように，トランジスタをダーリントン接続することにより，各種の電力制御を行うことができる．

3. FET

　電界効果トランジスタ（field effect transistor）のことを **FET** といい，トランジスタと同様に，増幅作用やスイッチング作用をもつ半導体素子であるが，その構造や動作原理は異なる．ここでは，FET の構造・特性や，その基本回路について調べる．

（1） **FET の構造と特性**

　（a）　**FET の構造**　FET は，半導体基板にソース（source：記号 S），ドレイン（drain：記号 D）の2個の電極と，ゲート（gate：記号 G）と呼ばれる制御用

の電極をもち，ソースとドレインの間には，電気的に接続するように形成された**チャネル**（channel）と呼ばれる導電層の抵抗があり，これをゲートに加えられた電圧によって変化させ，ドレインとソース間に流れる電流を制御している．

すなわち，トランジスタでは，ベース電流 I_B（入力電流）でコレクタ電流 I_C（出力電流）が制御されたのに対し，FET はゲート - ソース間電圧 V_{GS}（入力電圧）でドレイン電流 I_D（出力電流）が制御される．なお，FET は，トランジスタに比較して入力インピーダンスが $10^{10} \sim 10^{15}$ Ω と高く，温度による電流変化が少なく，安定している．

FET を内部構造から分類すると，図 4·46 のようになる．

MOS 形 FET は，絶縁物に SiO_2 が使用され，チャネルが P 形か N 形かによって P-MOS，N-MOS に分けられる．また，動作状態において，ゲート電圧が 0 の状態でチャネルが ON になっているものを**デプレッション形**（depletion type）といい，チャネルが OFF になっているものを**エンハンスメント形**（enhancement

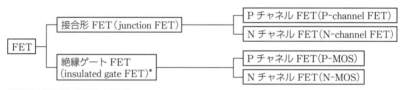

図 4·46 FET の分類

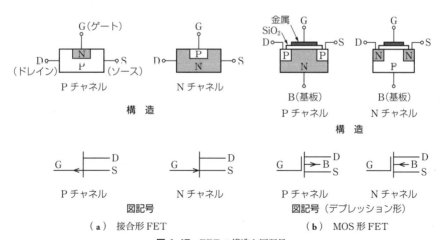

図 4·47 FET の構造と図記号

type）という.

図4·47にFETの構造図と図記号を示す.

（**b**）　**FETの特性**　図4·48は，FETの特性測定回路と特性の例を示したものである．図（**b**）は，V_{DS}を一定に保ったときのV_{GS}とI_Dの関係を示したもので，これを**V_{GS}-I_D特性**または**伝達特性**という．また，この特性で，$I_D=0$となる点のV_{GS}を**ピンチオフ電圧**（pinch off voltage）といい，V_pで表す．図（**c**）はV_{GS}を一定に保ったときのV_{DS}とI_Dの関係を示したもので，これを**V_{DS}-I_D特性**または**出力特性**という.

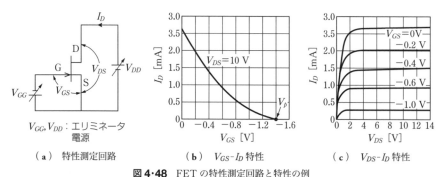

（**a**）特性測定回路　（**b**）V_{GS}-I_D特性　（**c**）V_{DS}-I_D特性

図4·48 FETの特性測定回路と特性の例

（**c**）　**FETの最大定格**　トランジスタと同様に，FETにも最大定格が規定されている．以下に，そのおもなものについて記述する.

①　V_{GDS}：ソース短絡時におけるゲート‐ドレイン間のPN接合のブレークダウン電圧を表し，接合形FETで用いられる.

②　V_{DXS}：ゲートに定められた電圧を加えたときのドレイン‐ソース間の耐圧で，主としてMOS形FETで用いられる.

③　V_{GSO}：ドレイン開放時のゲート‐ソース間の耐圧で，おもにMOS形FETで用いられる.

④　I_G：接合形FETではゲート‐ソース間に順方向電圧を加えたときの最大順方向ゲート電流を示し，MOS形FETではI_Gの代わりにI_Dの最大値が規定されている.

⑤　P_d：周囲温度25℃のときの最大許容損失.

⑥　T_j：接合形FETでは接合部温度T_jで表し，MOS形FETではチャネル温度T_{ch}の上昇の限界を表す.

（2） FETの基本回路 FETを使用した基本的な回路を図 **4·49(a)** に，使用する静特性を図 **(b)** に示す.

この回路における出力側の電圧・電流および増幅度について調べてみよう.

図 **(a)** の出力側の回路に着目すると，次の関係が成り立つ.

$$V_{DD} = V_{DS} + V_R = V_{DS} + R_D I_D$$

$$\therefore \quad I_D = -\frac{1}{R_D} V_{DS} + \frac{V_{DD}}{R_D} \tag{4·14}$$

式 **(4·14)** に各数値を代入すると

$$I_D = -0.256 V_{DS} + 2.56 \quad [\text{mA}] \tag{4·15}$$

式 **(4·15)** は，図 **4·48(a)** の I_D と V_{DS} の関係を示した式で，これをグラフに表すと図 **(b)** に示す直線 CD となる.

また，FET のゲート‐ソース間の電圧 V_{GS} は，$V_{GS} = -0.4$ V（V_{GG}）であるから，その交点 Q が動作点となる．したがって，$I_D \fallingdotseq 1.45$ mA，$V_{DS} = 4.5$ V となる.

次に，電圧増幅度については，図 **4·49(a)** に $v_i = 0.1 \sin \omega t$ [V] の入力交流信号（振幅で ± 0.1 V）を与えたとすれば，図 **(b)** に示した破線が V_{GS} の変化となる．すなわち，負荷線 CD 上の Q を中心として，Q₁，Q₂ 間の変化となり，その結果，V_{DS} は，3.5 V から 5.5 V まで変化し，その変化分は $V_{DS} = 4.5$ V を中心に ± 1.0 V となる．この値を出力電圧 v_o と考えれば，電圧増幅度 A_v は

$$A_v = \frac{v_o}{v_i} = \frac{1.0}{0.1} = 10$$

となり，電圧利得 G_v は

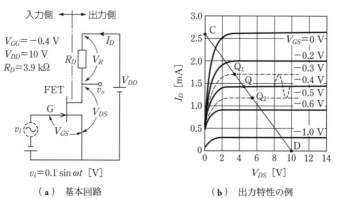

| （a） 基本回路 | （b） 出力特性の例 |

図 4·49 FET の基本回路と出力特性

$$G_v = 20 \log_{10} A_v = 20 \log_{10} 10 = 20 \quad [\text{dB}]$$

を得る.

4. サイリスタ

遮断状態から導通状態へ, またその逆に切り換えることのできる電力制御用の半導体スイッチング素子を**サイリスタ** (thyristor) という.

サイリスタは高速で, 電流開閉時にアークを発生せず, 寿命が長く, しかも振動などのショックにも強いという特長をもっている. SCR やトライアックなどと呼ばれるものがある.

（**1**） **SCR** 図4・50 に示すように, PNPN の4層構造としたダイオードにゲート電極を設け, ゲートから流入する電流の大きさによって遮断状態から導通状態に移行する電圧（ブレークオーバ電圧）を制御するようにしたものを **SCR** (silicon controlled rectitier) または**シリコン制御整流素子**という.

SCR の電極には, アノード（記号 A）, カソード（記号 K）, ゲート（記号 G）の3端子がある.

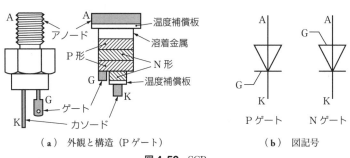

（**a**） 外観と構造（P ゲート）　　　　（**b**） 図記号

図4・50 SCR

図4・51 に, SCR の動作回路と, その特性を示す. 図（**a**）において, I_G はゲート電流, V_{GR} はゲート - カソード間の電圧を示し, これらは SCR の定格によってその値が決まっている. たとえば, $I_G = 1\,\text{mA}$, $V_{GK} = 0.8\,\text{V}$ という定格であれば, V_{GK} を $0.8\,\text{V}$ 以上にすれば I_G は $1\,\text{mA}$ 以上となり, アノード電流 I_A がランプ L を流れ, ランプが点灯することになる.

また, SCR は, 図（**b**）からわかるように, ゲート電流 I_G によって低い電圧で導通状態となり, I_G が大きいほどブレークオーバ電圧 V_B は低くなる. そして, 導通状態の電流 I_A が保持電流 I_H 以上であれば, I_G を遮断しても導通状態は持続する

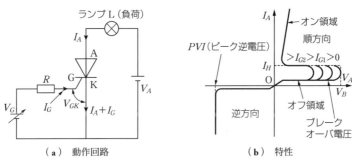

図4·51 SCR の動作回路と特性

ことになる.

　なお，SCR を阻止状態すなわちアノード電流 I_A を遮断するには，I_A を I_H 以下に減少させなければならない．方法としては，たとえば，充電しておいたコンデンサを SCR と並列に接続して，アノードを負電位にしたり，電源を遮断して I_A 自身を 0 にすればよい．また電源に交流を使う場合では，負サイクルのときは自動的にターンオフ（ON の状態から OFF 状態へ移行）するので，ゲート電流 I_G を定格電流以下，あるいは 0 にすればよい．

　図 **4·52** に SCR を用いた回路例を示す.

　図（**a**）の回路は電磁リレーの記憶回路で，SCR のゲートへ入力電圧が一度瞬間的に加わっても，SCR は導通状態となり，電磁リレー R が記憶的に動作を続けるという回路である．したがって，ON になった電磁リレーは，スイッチ S を押さない限り動作状態が続く.

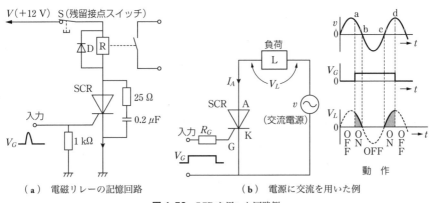

図 4·52 SCR を用いた回路例

表4·7 サイリスタの最大定格例

項目	[単位]	SFOR 5 B 43 [*1]	SFOR 5 D 43 [*1]	SFOR 5 G 43 [*1]
非繰返しピーク逆電圧 V_{RSM} [*2]	[V]	150	300	500
繰返しピーク逆電圧 V_{RRM}	[V]	100	200	400
繰返しピークオフ電圧 V_{DRM}	[V]	100	200	400
定格平均オン電流 $I_{T(AV)}$	[A]		0.5	
定格実効オン電流 $I_{T(RMS)}$	[A]		0.8	
サージオン電流 I_{TSM}	[A]		7（50 Hz，正弦半波1サイクル波高値）	
電流二乗時間積 (I^2t)	[A²s]		0.25	
臨界オン電流上昇率 (di/dt)	[A/μs]		—	
繰返しピークゲート損失 P_{GH}	[W]		1	
平均ゲート損失 $P_{G(AV)}$	[W]		0.01	
繰返しピークゲート逆電圧 V_{GRM}	[V]		5	
繰返しピークゲート順電流 I_{GFM}	[A]		0.5	
定格接合部温度 T_j	[℃]		125	
保存温度 T_{sig}	[℃]		$-65 \sim 150$	

〔注〕　1.　出典：製品規格表〔東芝（株）〕
　　　　2.　数値は，ピーク繰返しオフ電圧／逆電圧（100〜600 Vの条件下）の数値である．
　　　　3.　[*1] 東芝（株）のSFOR 5シリーズの形式名．
　　　　　　[*2] $t < 5$ ms，$T_j = 0 \sim 110$℃，$R_{GK} = 1$ kΩを条件とする．

　図（b）は，電源に交流を使用した場合の例である．この場合，時刻aでA-K間に順方向電圧が加わっているので，V_G が加わればSCRはONとなる．また，時刻bでは，v が0になり，I_A が保持電流以下となってSCRはOFFとなる．すなわち，この回路は，V_G が加わっているときだけ負荷に交流電圧の半波分を加える制御回路といえる．

　表4·7にサイリスタの最大定格例を示す．

　（2）　**トライアック**　前項のSCRは，電流を一方向のみON・OFF制御するもので，双方向の電流（交流）を制御する場合は双方向サイリスタを用いる．この双方向サイリスタを**トライアック**（triode AC switch：TRIAC）という．

　図4·53（a）に示すように，トライアックの基本的な構造は，NPNPNの5層構造となっており，2個のサイリスタをたがいに逆方向に並列接続したものと考えればよい．また，トライアックの電極は，T_1，T_2，G端子と名付けられ，ゲート信号入力によって交流全波を制御できる．

　図4·54にトライアックの動作原理を示す．トライアックが導通状態になる条件

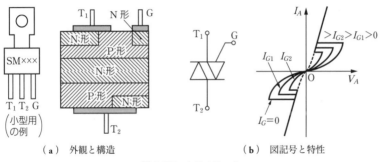

（a） 外観と構造 　　　　　（b） 図記号と特性

図 4·85 トライアック

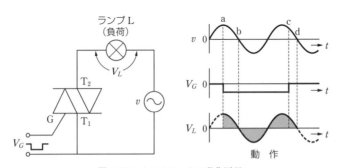

図 4·54 トライアックの動作原理

は，ゲート電圧 V_G および T_1-T_2 間の電圧が正負いずれの極性でもよく，全部で4通りの組合わせがある．しかし，このうち，T_2 に負，G に正の電圧を加える組合わせは，ゲート感度が不安定のため，一般には用いられない．したがって，G には負の電圧で動作させるようにする．

同図のグラフにみられるように，トライアックの動作は，時刻 a では T_1-T_2 間に v が加わり，G に V_G が加わっているので，ON 状態でランプ L が点灯する．また，時刻 b では v は 0 で保持電流値以下となるが，V_G が加わっているため，逆方向の v が加わり始めるので，ON 状態が持続する．さらに時刻 c は V_G が 0 であるが，v が加わっているので，保持電流値以下になるまで ON 状態が続く．そして，時刻 d で，V_G が 0，v も 0 となってトライアックは OFF となり，ランプ L が消灯する．

次に，トライアックを制御するための素子として用いられる**ダイアック**（diode AC switch：DIAC）について述べる．

ダイアックは，図 **4·55**（a）に示すように，NPN の 3 層構造となっており，そ

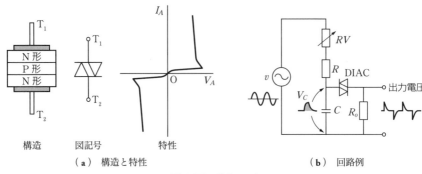

（a） 構造と特性　　　　　　　　　　　　　　　　　**（b）** 回路例

図 4·55 ダイアック

の特性は，PN ダイオードの降伏現象を利用したものである．図（b）は簡単なダイアックの回路例を示したもので，CR の時定数回路とダイアックを接続し，コンデンサ C の端子電圧が時間とともに上昇していくことを利用したものである．

　C の充電電圧がある値に達すると，急にダイアックに電流が流れ，この電流によって出力にパルスを発生する．しかし，このとき，コンデンサ C は放電をするので，電圧が急に下がる．したがって，ダイアックは OFF となるので，出力パルスはすぐ消える．なお，この回路では，入力が交流電源であるので，出力は正負のパルスが周期的に現れる．

　図 4·56 に，トライアックとダイアックを利用した位相制御回路の例を示す．図に示す可変抵抗 RV を変化させると，コンデンサ C との時定数が変わり，端子電圧 V_C の上昇時間が変化する．このため，ダイアックの発生するパルス電流 i_G の位相 ϕ が変化し，交流モータを制御するとができる．

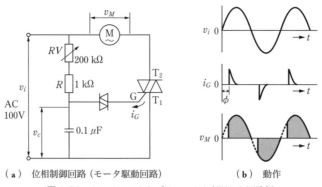

（a） 位相制御回路（モータ駆動回路）　　　　　**（b）** 動作

図 4·56 トライアックとダイアックを利用した回路例

表4·8 トライアックの最大定格の例

項目	[単位]	SMOR 5 B 42 *	SMOR 5 D 42 *	SMOR 5 G 42 *
非繰返しピークオフ電圧 V_{DSM}	[V]		—	
繰返しピークオフ電圧 V_{DRM}	[V]	100	200	400
定格実効オン電流 $I_{T(RMS)}$	[A]	\multicolumn{3}{c}{0.5 ($T_a = 20\,℃$)}		
サージオン電流 I_{TSM}	[A]	6 (50Hz/60Hz, 1サイクル)		
電流二乗時間積 (I^2t)	[A²s]	0.18		
繰返しピークゲート損失 P_{GM}	[W]	1		
平均ゲート損失 $P_{G(AV)}$	[W]	0.1		
繰返しピークゲート電圧 V_{GM}	[V]	6		
繰返しピークゲート電流 I_{GM}	[A]	0.5		
臨界オン電流上昇率 (di/dt)	[A/μs]	—		
定格接合部温度 T_j	[℃]	110		
保存温度 T_{sig}	[℃]	$-25 \sim 110$		

〔**注**〕 1. 出典:製品規格表〔東芝(株)〕
2. * 東芝(株)の SMOR 5 シリーズの形式名.

表4·8にトライアックの最大定格例を示す.

(3) サイリスタの取扱い サイリスタ回路では,ノイズなどにより,突然,機械・機器が動き出すなどの誤動作を生ずることがある.たとえば,電源スイッチが入って急な鋭い電圧(電源サージ電圧)が加わると,ゲートに入力を加えなくてもサイリスタが導通状態になることがある.

このような対策として,図4·57(a)に示すように,SCRのアノードにリアクトル(太い銅線を巻いたインダクタンス)を接続し,急な変化を制御するようにするほか,図(b)のように,SCRやトライアックの両端子にRC回路を並列に接続す

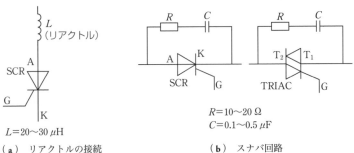

(a) リアクトルの接続　　(b) スナバ回路

図4·57 電源サージ電圧の対策

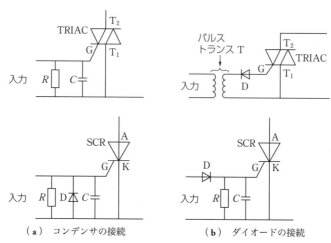

（a） コンデンサの接続 （b） ダイオードの接続

図4·58 誤動作の防止回路

る方法がとられる．これを**スナバ回路**といい，電源サージ電圧の対策としてしばしば利用される．この場合，回路の抵抗器はインダクタンスをもつ巻き線形のものではなく，ソリッド抵抗器などがよい．

このほか，ゲート回路にノイズが入って誤動作を生じるのを防ぐ方法として，図4·58(a)に示すように，コンデンサCをゲートに接続し，ノイズ電流をバイパスさせる方法がある．この場合も，インダクタンス分の小さなセラミックコンデンサなどが適している．

なお，Cに並列に入っているダイオードDは，SCRのゲートGとカソードKの間に逆電圧が発生したときの安全対策としての役割をもつ．図(b)は，ダイオードDを接続した例で，この回路におけるDは，トライアックのGからT_1へ向かう電流で，誤操作をさせないためのものである．また，SCRの回路では，導通したときGからの電流の流出を防ぐとともに，逆電圧のときの防止になる．

5. オペアンプ

制御技術の分野で用いられるアナログ回路（analog circuit）は，演算増幅を主とした回路が多い．ここでは，**演算増幅器**（operational amplifier：OP amp）または**オペアンプ**と呼ばれる増幅器について，動作とその回路を学習する．

（1） **オペアンプの基本** オペアンプは，加減乗除などの演算を目的とした増幅器でトランジスタやFETなどを用いた複雑な回路を組み立てた集積回路（IC）か

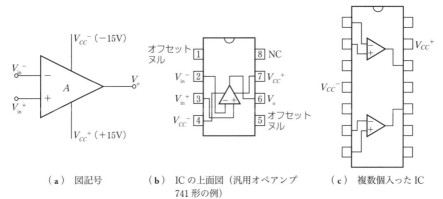

(a) 図記号 (b) IC の上面図（汎用オペアンプ 741 形の例） (c) 複数個入った IC

図 4·59　オペアンプの図記号と IC

らなる．直流から高周波まで広範囲の周波数に対応でき，直線性や利得においても高い精度をもっている．このため，各種の自動制御用機器・計測器や電子機械の制御回路，とくにサーボ系などに広く用いられている．

図 4·59 に，オペアンプの図記号と IC を示す．図中の V_{CC}^+，V_{CC}^- は，オペアンプを動作させるのに必要な電源端子で，ふつう，±15 V を接続して使用するが，出力電圧が低くてよい場合などには ±5 V 程度でも動作させることができる（以下，特別な場合を除いては，V_{CC}^+，V_{CC}^- は省略する）．

また，入力端子は，出力が反転（逆位相）する反転入力端子 V_{in}^- と，同位相の非反転入力端子 V_{in}^+ とがある．このほか，端子に**オフセットヌル**（offset null）を設けている IC もある．このオフセットヌルは，入力電圧が 0 V のときに，入力に適当な電圧を加えて，出力電圧を 0 V にする端子で，このときの入力電圧を**オフセット電圧**（offset voltage）という．オペアンプの入力電圧が 0 V であっても，実際には内部の素子のばらつきにより，完全に出力電圧は 0 V にならないので，このような端子が設けられる．

（2）　オペアンプの動作　オペアンプの基本動作を図 4·60 に示す．

まず，図（a）に示すように非反転入力端子 V_{in}^+ に電圧 V_1 を加えると，出力 V_O には，オペアンプの電圧増幅度が A 倍された同位相（非反転）の電圧が現れる．このとき，出力電圧の振幅が電源電圧の V_{CC} 以上や $-V_{CC}$ 以下になることはない．また，図（b）のように反転入力端子 V_{in}^- に電圧 V_2 を加えると，出力 V_O には A 倍された逆位相（反転）の電圧が現れる．次に，図（c）のように V_{in}^+，V_{in}^- 端子

にそれぞれ V_1, V_2 の電圧を加えた場合には，V_1 から V_2 の差の値を A 倍した出力電圧が得られる.

（3） オペアンプの特性と規格 オペアンプは次のような特性を理想として設計・製作された増幅器である.

① 電圧増幅度 A を無限大にする.

② 入力インピーダンスを無限大（入力電流がほとんど流れない）にする.

③ 増幅できる周波数帯域を無限大にする.

④ 出力インピーダンスを 0 にする.

しかし，実際のオペアンプは，図 **4·61** に示すような特性をもち，電圧増幅度 A は次式で示される.

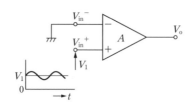

（a） 非反転増幅

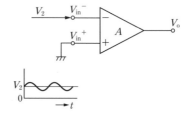

（b） 反転増幅

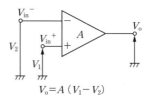

$$V_o = A(V_1 - V_2)$$

（c） 差動増幅

図 4·60 オペアンプの基本動作

$$A = \frac{\Delta V_o}{\Delta(V_{in}^+ - V_{in}^-)} = \frac{\Delta V_o}{\Delta V_d} \tag{4·16}$$

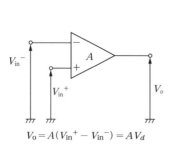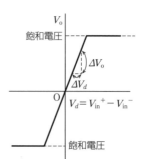

$$V_o = A(V_{in}^+ - V_{in}^-) = AV_d$$

図 4·61 オペアンプの特性

　一般に，オペアンプの電圧増幅度は，$10^3 \sim 10^6$ 程度の値をもっており，出力電圧 V_O は，電源電圧 V_{CC} が ± 15 V の場合，約 ± 12 V 程度である．また，この値は，出力電流の増加によって減少する．

　各種オペアンプの性能は，外部周波数補償形の μA 709 系（フェアチャイルド社製）や，周波数補償形の μA 741 系の IC を標準（一般・汎用）として，これらのオペアンプの特性と比較し，各品種の特徴を明示している．

　表 4·9 に，標準オペアンプの性能を示す．

　なお，この表に示す標準オペアンプ性能のうち，特殊な項目について簡単にふれておく．

　①　**スルーレート**（SR）　オペアンプの出力電圧の最大時間変化率を表し，出力電圧が最小値から最大値まで変化するようなステップ入力を加えたときの時間に対する変化率．

　②　**同相信号除去比**（CMR）　同相信号利得に対する差動信号利得の比．

　③　**オフセット電圧 - 温度ドリフト**（$\Delta V_{io}/\Delta T$）　周囲温度の変化に対するオフ

表 4·9　標準オペアンプの性能の例

項目	［単位］	汎用		汎用高性能	
		μA 709 C*	μA 741 C*	LM 301 A*	LM 307*
開ループ利得 A_o		45×10^3	2×10^5	160×10^3	160×10^3
最大電源電流 I_{CC}	［mA］	2.7	1.7	1.8	1.8
定格出力電圧 V_o	［V］	± 14	± 14	± 13	± 13
スルーレート SR	［V/μs］	2	0.5	0.5	0.5
入力オフセット電圧 V_{io}	［mV］	2.0	1.0	2.0	2.0
同相信号除去比 CMR	［dB］	90	90	90	90
入力オフセット電流 I_{io}	［nA］	100	20	3	50
入力バイアス電流 I_i	［nA］	300	80	70	70
入力インピーダンス Z_i	［MΩ］	0.25	2	2	2
出力インピーダンス Z_o	［Ω］	150	75	―	―
オフセット電圧 - 温度ドリフト $\Delta V_{io}/\Delta T$	［μV/℃］	2	6	―	―
バイアス電流 - 温度変化 $\Delta I_i/\Delta T$	［nA/℃］	0.1	―	0.02	0.01
電源電圧除去比 SVR	［V/μs］	2	0.5	0.5	0.5

〔注〕　1.　出典：製品カタログ（フェアチャイルド社）
　　　　2.　* フェアチャイルド社の標準オペアンプの代表的形式名．

セット電圧の変化量.

④ **バイアス電流 - 温度変化**（$\Delta I_i/\Delta T$）　周囲温度の変化に対するバイアス電流の変化量.

⑤ **電源電圧除去比**（SVR）　電源電圧の変化分に対する V_{io}, I_{io}, I_i の変化分の比.

（**4**）　**オペアンプの回路**　オペアンプを使用する回路では，2個の入力端子の一方だけに信号を加える場合には，他方の端子をアースに接続して，それを基準電圧（0 V）として用いるのがふつうである．また，オペアンプの利用の仕方は，オペアンプをそのまま使用する方法とフィードバック（feed back）をして用いる場合とがある．なお，フィードバックは出力電圧の一部を入力側に戻すことをいい，回路全体の特性が大きく変わってくる．

（**a**）　**基本回路と動作**　ここでは，フィードバックを施したオペアンプの基本回路について述べることにする．

図 **4·62**(**a**)に示すような動作回路の出力電圧 V_o について考えてみよう．

図において，増幅度 A のオペアンプに入力電圧 V_i を与えると，出力電圧 V_o は

$$V_o = A(0 - V_1) = -AV_1$$

の関係が成り立つ.

いま，$A = \infty$ と考えれば，V_1 は次式で表すことができる.

$$V_1 = -\frac{V_o}{A} = -\frac{V_o}{\infty} = 0 \tag{4·17}$$

すなわち，V_1 は非反転入力端子の電圧（0 V）に等しくなる．また，オペアンプの入力インピーダンス Z_i は $Z_i = \infty$ と考えられるので，入力端子には電流が流れ込まない.

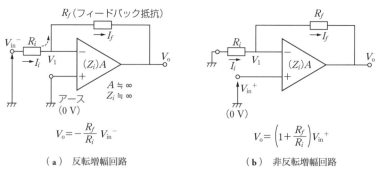

（**a**）　反転増幅回路　　　　　　（**b**）　非反転増幅回路

図 4·62　オペアンプの基本回路

以上のことから，オペアンプに関する定理として，次の2つがあげられる．

定理 1 オペアンプの2個の入力端子の電圧は等しい：**電圧定理**

定理 2 オペアンプの2個の入力端子に電流は流れ込まない：**電流定理**

したがって，R_i を流れる電流 I_i は，R_f を流れる電流 I_f と等しいので，次式が成り立つ．

$$I_i = \frac{V_{\text{in}}^- - V_1}{R_i} = \frac{V_1 - V_o}{R_f} \tag{4·18}$$

式(4·17)を式(4·18)に代入して V_o を求めると，次のようになる．

$$\frac{V_{\text{in}}^-}{R_i} = -\frac{V_o}{R_f}$$

$$\therefore \quad V_o = \frac{R_f}{R_i} V_{\text{in}}^- \tag{4·19}$$

式(4·19)より，出力電圧 V_o は抵抗 R_i，R_f によって決まり，極性は反転している．ここに，R_f/R_i を**反転増幅器の利得**（ゲイン：gain）といい，R_i を入力抵抗，R_f をフィードバック抵抗と呼ぶ．

なお，図4·62(a)のような回路を**反転増幅回路**という．

次に，図(b)の回路について考えてみよう．

電流 I_i は

$$I_i = \frac{0 - V_1}{R_i} = \frac{V_1}{R_i} \qquad \text{ただし，定理 1（電圧定理）より}$$

$$I_i = \frac{V_{\text{in}}^+}{R_i} \tag{4·20}$$

また，**定理 2**（電流定理）より，$I_f = I_i$ であるから

$$I_f R_f = V_1 - V_o$$

$$\therefore \quad I_i R_i = V_{\text{in}}^+ - V_o \tag{4·21}$$

式(4·20)，式(4·21)より

$$-\frac{V_{\text{in}}^+}{R_i} \cdot R_f = V_{\text{in}}^+ - V_o$$

$$\therefore \quad V_o = \left(1 + \frac{R_f}{R_i}\right) V_{\text{in}}^+ \tag{4·22}$$

ここで，$(1 + R_f/R_i)$ を**非反転増幅器の利得**といい，図(b)を**非反転増幅回路**という．

　以上，2種類の基本増幅回路の原理について解説したが，実際にオペアンプを使用する場合では，いくつかの留意事項がある．

　① **オフセット電圧の調整**　オペアンプの入力端子 $V_{in}{}^+$，$V_{in}{}^-$ の電圧は，ふつう，$V_{in}{}^+ - V_{in}{}^- = 0$ になろうとするが，オペアンプ内部で発生するオフセット電圧 V_{io} が入力電圧に加えられてしまうため，オペアンプは，結局，$V_{in}{}^+ - V_{in}{}^- + V_{io} = 0$ となるように動作してしまう．

　たとえば，表4・9に示した μA 741 C の V_{io} は 1.0 mV となっているが，オペアンプの増幅度が $A = 1000$ のときでも出力に 1 V の誤差となって現れる．このため，この誤差を調整する必要がある．一般に，図4・63 に示すように，オペアンプのオフセットヌルという2つの端子に可変抵抗 RV を接続し，その中間端子を $V_{CC}{}^-$ に接続する．そして，入力を0にしたとき，出力電圧が0になるように可変抵抗を調整する．

　② **ノイズの対策**　オペアンプの電源にノイズが混入すると，出力にノイズの影響が現れる．また，高周波ノイズの場合は，回路の発振の原因になるので注意する．ノイズの防止対策としては，電源電圧 V_{CC} ラインに抵抗とコンデンサを接続して，ノイズ電流をアースに流す方法がある．高周波ノイズの除去法としては，R_f に並列にコンデンサ C_f を接続し，一種のローパスフィルタを形成させる．

　③ **入出力回路の保護**　オペアンプに入力する差動入力電圧が定格値をこえるよ

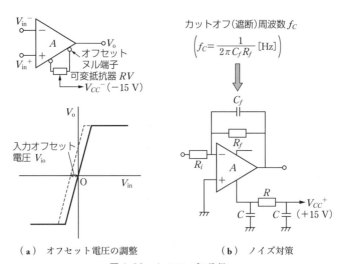

（a）　オフセット電圧の調整　　　（b）　ノイズ対策

図4・63　オペアンプの取扱い

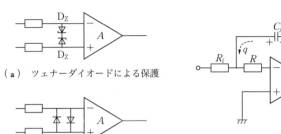

（a） ツェナーダイオードによる保護

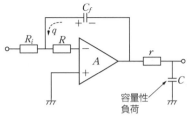

（c） 抵抗による保護

（b） ダイオードによる保護

図4·64 入出力回路の保護

うな場合は，図4·64（a）に示すように，入力端子間にツェナーダイオードを接続する．また，定格値いっぱいの差動入力振幅が必要な場合は，図（b）のように2個のダイオードを逆並列に接続する．さらに，図（c）のように，C_f が接続されている回路では，電源を遮断すると，C_f に充電されていた電荷がオペアンプの入力端子を通して放電してしまう．このため，同図に示すように，抵抗 R を挿入して放電電流を制限する．同様に，出力側においても，容量性負荷を接続する場合では，出力側に電流制限抵抗 r を接続することも必要である．

（b） 応用回路 これまで，オペアンプの基本動作，特性，取扱いについて述べてきたが，ここからは，実際にオペアンプを活用した代表的な応用回路例を取り上げる．

① 差動増幅回路 オペアンプの応用としてよく用いられる差動増幅回路を図4·65（a）に示す．

この回路は，入力電圧 V_{i2} と V_{i1} との差（$V_{i2} - V_{i1}$）を V_{i2}，V_{i1} の大きさに無

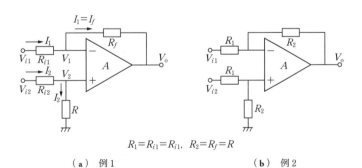

$$R_1 = R_{i1} = R_{i1}, \quad R_2 = R_f = R$$

（a） 例1　　　　　（b） 例2

図4·65 差動増幅回路の例

関係に増幅する回路なので，そのままでは波形にひずみが多く，使用することは困難となる．このため，オペアンプの入力側の一端にフィードバック抵抗 R_f を，他端とアースとの間に抵抗 R を接続して回路が構成される．

また，この回路では，次に示す理論から，2つの入力に同時に入ってくるノイズなどを取り除くことができる．

図 **4·65** に示した差動増幅回路の出力端子の電圧 V_o を式で表すと，次のようになる．

$$V_o = \left[\frac{R_{i1}R - R_f R}{R_{i1}(R_{i2}+R)}\right] V_{i2} - \frac{R_f}{R_{i1}} V_{i1} \tag{4·23}$$

さらに，$R_1 = R_{i1} = R_{i2}$，$R_2 = R_f = R$ とおけば，式(**4·23**)より出力電圧 V_o は，次式のようになる．

$$V_o = R_2(V_{i2} - V_{i1})/R_1 \tag{4·24}$$

したがって，式(**4·24**)は，$V_{i2} = V_{i1}$ のとき $V_o = 0$ となるので，2つの入力に同時に入ってくるノイズなどを取り除くことができることになる．

② **加算回路**　反転加算回路と非反転加算回路とがあり，オペアンプにこの回路をつなげたものを**加算器**（adder）と呼んでいる．

反転加算回路　図 **4·66**(a)のように，入力端子に2個の抵抗 R_1，R_2 を接続し，それらと出力端子の間にフィードバック抵抗 R_f，オペアンプを接続した回路を考えると，その出力電圧 V_o は，次の式で示される．

$$V_o = -R_f\left(\frac{V_1}{R_1} + \frac{V_2}{R_2}\right) \tag{4·25}$$

ここで，たとえば，図のように，$R_1 = R_2 = R_f = 200\ \text{k}\Omega$ とおけば，式(**4·25**)は次のようになる．

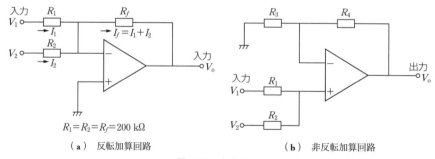

（ a ）　反転加算回路　　　　　　（ b ）　非反転加算回路

図 4·66　加算回路

$$V_O = - (V_1 + V_2) \tag{4·26}$$

　すなわち，出力電圧 V_O は，2 つの入力電圧 V_1，V_2 を加算した後，符号を反転したものになる．この回路を**反転加算回路**という．

　非反転加算回路　図(b)の回路において，$R_1 = R_2 = R_3 = R_4 = 20$ kΩ のとき，出力電圧 V_O が次式のような形になる回路を非反転加算回路という．

$$V_O = (V_1 + V_2) \tag{4·27}$$

　③　**モータ制御回路**　図 4·67 は，小型モータの制御にオペアンプを利用した回路例である．この場合，オペアンプ（OP amp）自体は IC であるから大きな電力を扱えない．このため，出力回路に図のような電力増幅回路を接続することになる．このようにすれば，モータの駆動制御に利用できる．

　図において，増幅度は R_2/R_1 で表せるので，たとえば，$R_1 = 2$ kΩ，$R_2 = 20$ kΩ とすれば，増幅度は 10 倍となる．したがって，入力電圧 V_1 を ±1.0 V の範囲であれば，出力は ±10 V となり，モータを正転・逆転させることができる．

　④　**ランプ制御回路**　図 4·68 は，オペアンプをランプの制御回路に利用した例

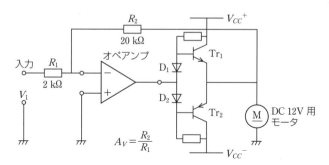

図 4·67　小型モータの制御

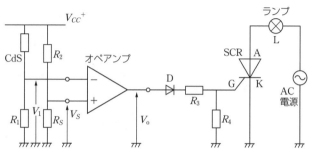

図 4·68　ランプ制御回路

で，CdS センサを用いて光の強さを検出し，ランプをコントロールするものである．

いま，周囲が暗くなり，CdS の検出電圧 V_1 が基準電圧 V_s と比較されたとき，$V_1 < V_s$ になれば，出力電圧 V_O が $V_{CC}{}^+$ の電圧となり，SCR のゲートに電流が流れ，SCR を ON にしてランプを点灯させる．逆に，周囲が明るくなり，$V_1 > V_s$ の条件になると，ランプは消灯する．

⑤　**信号変換回路**　機械や装置を実際に制御するには，図 **4・69**（**a**）に示すように，温度 - 電圧変換，スケーリング（scaling），A/D 変換などの信号変換によってコンピュータにデータが入力され，制御命令が出される．

たとえば，温度センサによって $0 \sim 500\,℃$ までの温度を $0 \sim 100\,mV$ に変換したとする．これを信号変換によって直線的に $0 \sim 5\,V$ に増幅して A/D 変換器へ送る．このときの増幅を**スケーリング**と呼び，A/D 変換器は $0 \sim 5\,V$ のアナログ電圧をデジタル電圧に変換し，コンピュータへの入力が可能になる．

このように，スケーリングが必要な場合には，図（**b**）のようなオペアンプを利用した回路をインタフェース内に組み込めばよい．なお，図（**b**）における出力電圧 V_O は，次のように表せる．

$$V_o = V_1\left(1 + \frac{R_2}{R_1}\right) \tag{4・28}$$

したがって，入力電圧 V_1 が $0 \sim 100\,mV$ ならば，出力電圧 V_O は $0 \sim 5.0\,V$ に増幅変換される．

⑥　**定電圧回路**　図 **4・70** に，定電圧の回路を示す．この回路は，負荷の変動に無関係に一定の電圧を出力するものである．オペアンプの入力をツェナーダイオー

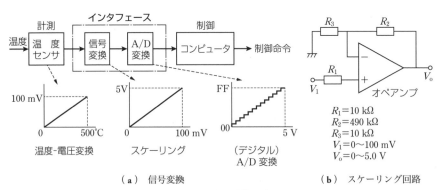

（**a**）　信号変換 　　　　　　　　　　（**b**）　スケーリング回路

図 4・69　信号変換回路

ド D_Z によって一定の電圧 V_Z に保てば，出力
電圧 V_o の値は常に $V_o = V_Z$ となる．

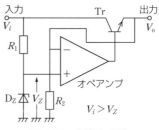

図 4·70 定電圧の回路

6. デジタル IC

前述のオペアンプは，入力と出力の関係が直
線的になっているような回路であるため，連続
的な電圧を扱い，その電圧が高いか低いかに
よって情報を扱ってきた．このように，電圧が
時々刻々変化するような波形を**アナログ波形**といい，この意味でオペアンプはアナ
ログ IC といえる．

これに対し，図 4·71 のように，あるスレッショルドレベル（しきい値）を基準
にして，単に電圧が高い（high：H と表す）か低いか（low：L と表す），あるい
は 1 と 0 だけで表せる不連続な波形
を**デジタル波形**といい，これを扱う
IC を**デジタル IC** と呼んでいる．

さて，コンピュータで使われる
信号も，電圧の H，L の 2 値信号
で，この 2 値を扱う代数を**論理代数**
（logic algebra）といい，この論理
代数を回路で表したものが**論理回路**
（logic circuit）である．

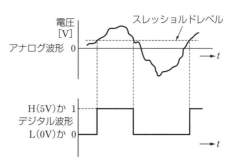

図 4·71 アナログ波形とデジタル波形

（1）**基本論理回
路** 論理回路には，
AND（論理積：logical
product） 回 路，OR
（論理和：logical sum)
回 路，NOT（否定：
inverter） 回路などの
基本回路がある．

（a）**AND 回路**
図 4·72(a) のような
回路を 2 入力ダイオー

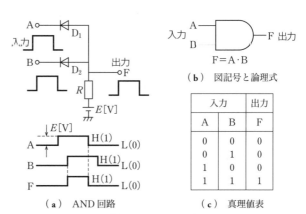

（b）図記号と論理式

入力		出力
A	B	F
0	0	0
0	1	0
1	0	0
1	1	1

（a）AND 回路 （c）真理値表

図 4·72 AND 回路

ド AND 回路という.

この回路は,入力 A,B がともに H(または 1)になったとき,出力 F は H(1)となり,A または B の一方が L(0)のときや,A,B がともに L(0)のときは,F は L(0)となる回路で,これを,F は A と B の論理積といい,F = A・B("A and B"と読む)で表す.図(**a**)においては,E [V] が,H(1)レベルに対応している.なお,図(**c**)は,AND 回路における出力 A,B の組合わせを示したもので,このような表を**真理値表**という.

(**b**)**OR 回路** 図 4・73(**a**)の回路を 2 入力ダイオード OR 回路という.

この回路は,入力 A または B のどちらかか H(または 1)になったとき,F は H(1)となり,A,B がともに L(0)になったとき,F は L(0)となる回路で,これを F は A と B の論理和といい,F = A + B("A or B"と読む)で表す.

(**c**)**NOT 回路** 図 4・74(**a**)は,入力 A と出力 F の間で入力信号の極性を反転させる回路で,これを NOT 回路という.

NOT 回路では,入力 A が 0 V の場合,トランジスタ Tr のベースに負の電圧 −V_{CC} [V] が加えられているので,Tr は OFF の状態である.そのため,Tr のコレクタの出力 F には +V_{CC} [V] の電圧が現れる.

次に,入力 A に正

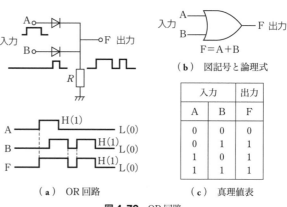

(**b**)図記号と論理式

入力		出力
A	B	F
0	0	0
0	1	1
1	0	1
1	1	1

(**a**)OR 回路 　(**c**)真理値表

図 4・73 OR 回路

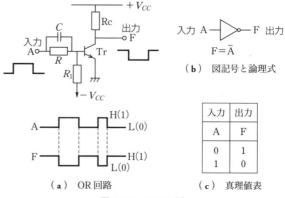

(**b**)図記号と論理式 F = Ā

入力	出力
A	F
0	1
1	0

(**a**)OR 回路 　(**c**)真理値表

図 4・74 NOT 回路

の電圧が加えられると，ベース電位がエミッタ電位（0 V）より高くなり，Tr は ON 状態となり，コレクタ電流 I_c が流れる．したがって，Tr のコレクタ電圧がほぼ 0 V となる．なお，図（**a**）に示した回路中の C は，**スピードアップコンデンサ**（speed up condencer）といい，トランジスタの入力信号の立ち上がり，立ち下がりの時間を短くし，応答を速めるためのものである．

　このように，入力 A に H（1）を加えれば出力 F は L（0）となり，A が L（0）のとき F は H（1）となる．これを "F は A の否定である" といい，$F = \overline{A}$（"not A" と読む）で表す．

（**d**）　**NAND 回路，NOR 回路**　AND 回路の出力を否定した回路を NAND（否定論理積）回路といい，OR 回路の出力を否定した回路を NOR（否定論理和）回路という．それぞれの図記号，論理式，真理値表は，図 4·75 に示すとおりである．

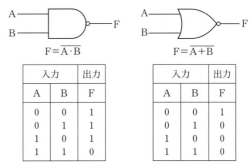

$F = \overline{A \cdot B}$

入力		出力
A	B	F
0	0	1
0	1	1
1	0	1
1	1	0

（**a**）　NAND 回路の図記号と真理値表

$F = \overline{A + B}$

入力		出力
A	B	F
0	0	1
0	1	0
1	0	0
1	1	0

（**b**）　NOR 回路の図記号と真理値表

図 4·75　NAND 回路，NOR 回路

（**2**）　**デジタル IC とその回路**　デジタル IC は論理回路に用いられ，使用する能動素子によって図 4·76 のように分類されている．

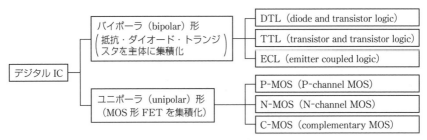

図 4·76　デジタル IC の分類

（**a**）　**TTL デジタル IC**　図 4·77 は，TTL デジタル IC の一例を示したもので，図（**a**）は回路図，図（**b**）はその端子接続図である．図からわかるように，この回路は，Tr_1 によって AND 動作させ，$Tr_2 \sim Tr_4$ の回路で NOT 動作をさせる

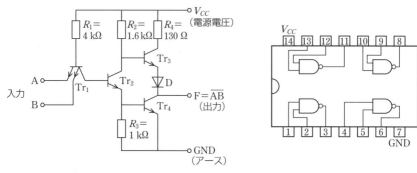

（a） 回路図（NAND回路）　　　　　　（b） 端子接続図

図4·77 TTL デジタル IC の例

NAND 回路の構成になっている.

　TTL IC のパッケージは, リード線が2列に並んでいる形で, DIP (dual in line package) と呼んでいる. なお, デジタル IC は, ファミリで規格が統一され, 同じファミリの IC はそのまま相互に接続が可能である.

　表4·10 は, TTL IC のうち, 代表的な SN 74 シリーズの名称と仕様の一例を示したもので, メーカ名は, たとえば, 日立は HD, 東芝は TD, 日本電気は μPB, 三菱電機は M, 沖電気は MSL, 富士通は MB などとなっていて, 00 ～ 1600 番台までの TTL が市販され, 消費電力の小さい LS シリーズが多く用いられていた.

　標準 TTL IC では, H (1) レベルに対応する電圧が5 V, L (0) レベルでは 0 V と考えてよいが, 実際には, 表4·11 に示すような規定がある.

表4·10　TTL IC の名称と仕様の一例（テキサスインスツルメント社製：SN 74 シリーズの場合）

名称	記号の説明	シリーズ名	種類	ゲート当たり伝播遅延時間 [ns]	ゲート当たり消費電力 [mW]
SN 74 LS ＊＊ N	パッケージの種類 　N：プラスチック 　J：セラミック 型番号 シリーズ名 （右欄を参照） 使用温度範囲 0 ～ 70 ℃ （SN 54 の場合 　…－55 ～ 125℃） メーカ名	なし	標準形	10	10
		H	高速形	6	22
		L	低電力形	33	1
		S	ショットキー形	3	9
		LS	低電力ショットキー形	9.5	2
		AS	アドバンスショットキー形	1.5	22
		ALS	低電力 AS 形	4	1

表4·11 標準TTLの電圧・電流特性

論理	入力電圧	出力電圧	最大入力電流	最大出力電流
"0"	0.8 V (V_{IL}) 以下	0.4 V (V_{OL}) 以下	− 1.6 mA (I_{IL})	− 16 mA (I_{OL})
"1"	2.0 V (V_{IH}) 以上	2.4 V (V_{OH}) 以上	40 μA (I_{IH})	400 μA (I_{OH})

すなわち,「入力電圧については,0.8 V以下であれば"0"とみなし,2.0 V以上であれば,"1"とみなす.そして,この0.8〜2.0 Vまでの電圧については"0"となるか"1"となるかは保証しない.出力電圧については,"0"は0.4 V以下を出力し,"1"は2.4 V以上を出力する」というものである.

なお,ICの出力から取り出せる電流は,出力がLレベル(0)のとき − 16 mA(マイナスはIC側に流れ込む電流のことで,これを**シンク電流**という)であり,Hレベル(1)のときは400 μAである.

(**b**) **ECL** 前項のTTLは,トランジスタを飽和させて用いるので,動作速度が遅いという欠点をもつ.この欠点を改善したICがECLで,トランジスタを飽和させないように回路を工夫し,高速形にしたものである.

図4·78にECLの例を示す.この回路では,すべてのトランジスタのエミッタを共通に接続し,Tr_2またはTr_3はTr_1とともに差動増幅器を構成している.したがって,入力AまたはBがH(1)のとき,出力がH(1)になるOR動作をする.

なお,ECLは,負電源で動作させていることや,消費電力が大きいが高速であることなどが特徴となっている.

(**c**) **C-MOS** P-MOSとN-MOSとを組み合わせた回路を**C-MOS**という.図4·79は,C-MOSのNOT回路の例で,Tr_1がP-MOS,Tr_2がN-MOSになっている.

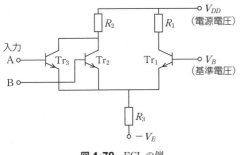

図4·78 ECLの例

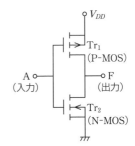

図4·79 C-MOSの例

表4·12 標準C-MOSの電圧・電流特性

論理	入力電圧	出力電圧	最大入力電流	最大出力電流
"0"	7.5 V (V_{IL}) 以下	0.05 V (V_{OL}) 以下	0.3 μA (I_{IL})	0.88 mA (I_{OL})
"1"	3.5 V (V_{IH}) 以上	4.95 V (V_{OH}) 以上	0.3 μA (I_{IH})	0.36 mA (I_{OH})

この回路では,入力 A が H (1) のときは Tr_2 が ON,Tr_1 は OFF となり,出力 F は L (0) となる.また,入力 A が L (0) のときは Tr_2 が OFF,Tr_1 が ON となり,F は H (1) となる.

表4·12 に,標準C-MOS の電圧・電流特性を示す.C-MOS は,消費電力がきわめて小さいのが特徴で,LS形 TTL と同程度の高速用 C-MOS が開発され,コンピュータのメモリなどに用いられている.

（**d**）　**ICの入出力**　デジタルIC は,使用する能動的な素子によって性能が異なるため,論理素子へ接続可能な入力の数や出力端子に接続可能なほかの論理素子の入力の数が大切な事項となる.前者を**ファンイン**（fan-in）,後者を**ファンアウト**（fan-out）という.

ここで,TTL IC を図 4·80 のように用いたときのファンアウトについて調べてみよう.

図において,出力端子が H レベル (1) のときは,表4·11 から,H レベルを保証する最大出力電流 I_{OH} は 400 μA で,入力端子が H レベルのときの最大流入電流 I_{IH} は 40 μA であるから,400/40 からファンアウトは 10 となる.同様に,出力端子が L レベル (0) のときも 16/1.6 = 10 となり,ほかの TTL 素子と 10 個まで接続できることになる.

LS形の TTL 同士では,ファンアウトが 20 程度であり,C-MOS では 50 程度

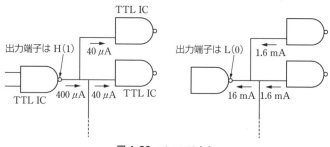

図4·80 ファンアウト

である．

（e）　**デジタル IC の利用回路**　前項では，基本的な論理回路のデジタル IC について述べたが，デジタル IC の種類は非常に多く，次のような回路をもつものが市販されている．

①　**フリップフロップ**（flip-flop）**回路**　2 つの安定した状態をもち，入力信号によってどちらか一方の安定状態をとる回路で，記憶機能・カウント機能・シフト機能などを備えている．

②　**カウンタ**（counter）　計数回路で，2 進・10 進・n 進カウンタなどがある．

③　**コード**（cord）**変換**　コードは符号の意味で，数を表示する場合には 10 進コード・2 進コード・BCD コードなどがある．デジタル回路への入力をコード化するものを**エンコーダ**（encoder）といい，逆に，コード化されたものを元の入力に戻す回路を**デコーダ**（decoder）という．

④　**マルチプレクサ**（multiplexer）**とデマルチプレクサ**（demultiplexer）複数の入力信号のうち，1 つを選択して出力する回路で，**データセレクタ**（data selector）とも呼ばれているのがマルチプレクサである．また，1 つの入力信号を複数の出力の 1 つに切り換える回路を**デマルチプレクサ**という．

⑤　**レジスタ**（register）　データを一時的に記憶させたり，記憶データを移動（シフト：shift）させたりする回路をいう．

⑥　**アダー**（adder）　2 進数の加減算回路をいう．

以上のほか，IC とくに TTL IC の出力で，トランジスタやリレーを駆動したり，LED（発光ダイオード）を点灯させるようなときは，図 **4·81**（**a**）のような利用の仕方がある．これは，IC の出力が L レベル（0）のときに負荷を駆動させるもので，電流が 16 mA 以内の素子なら TTL IC で制御することができる．

また，図（**b**）は，2 入力 AND 回路を利用した例であり，入力 A は 1 kΩ の抵抗で，＋5 V にプルアップし，A は H レベルの状態になっている．以下に，この回路の動作について述べる．

S_1 が押されると，A はアースされ，L レベルの状態になる．また，入力 B は，300 Ω の抵抗でアースになっているので，常に L レベルの状態になっている．そして，S_2 を押すと，B は H レベルとなる．

次に，入力 A，B がともに H になると，AND 回路の出力 F も H となる，これによって Tr が ON となり，小型モータが回転する．そして，出力 F が L を出力すると，Tr が OFF となり，モータは停止する．

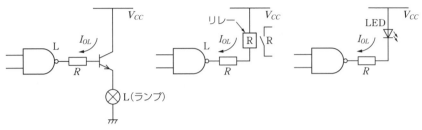

（**a**） TTL IC を単独で利用する方法

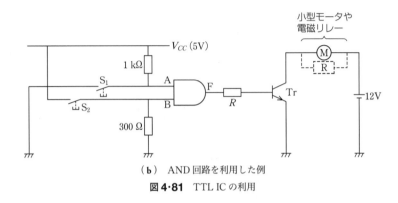

（**b**） AND 回路を利用した例

図4·81 TTL IC の利用

　以上のことからわかるように，この回路では S_2 が駆動ボタンスイッチで，S_1 が停止ボタンスイッチとなる．

　なお，S_1，S_2 を機械に取りつけたリミットスイッチと考えれば，たとえば，テーブルの移動距離によってモータの駆動や停止を自動的に行うことができ，モータの代わりに電磁リレーを取りつければ，入力 A，B の状態によって電磁リレーの動作を制御することができる．

4章 | 演習問題

4·1 次の図記号はどのスイッチまたはどんなリレー接点を表しているか. a～h から適切なものを選び, （　）にその記号を記入せよ.

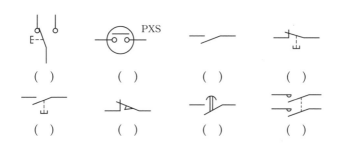

（　）　　　　（　）　　　　（　）　　　　（　）

（　）　　　　（　）　　　　（　）　　　　（　）

a.	スナップスイッチ（b接点）	**b.**	押しボタンスイッチ（a接点）
c.	残留接点付きスイッチ（c接点）	**d.**	リミットスイッチ（b接点）
e.	近接スイッチ（a接点）	**f.**	電磁リレー（a接点）
g.	電磁接触器（a接点）	**h.**	オフディレータイマ（a接点）

4·2 次の説明文 a～e は ①～⑤ のスイッチについて述べたものである. それぞれのスイッチの説明として正しいものを選び, その記号を（　）内に入れよ.

〔スイッチ名〕
　① スナップスイッチ　（　）　　② 押しボタンスイッチ（　）
　③ リミットスイッチ　（　）　　④ リードスイッチ　　（　）
　⑤ 光電スイッチ　　　（　）

〔説明文〕
　a. ガラス管の中に不活性ガスを封入し, 動作時間が非常に短い.
　b. LEDやフォトトランジスタなどの素子が用いられているスイッチである.
　c. 手動操作の自動復帰接点をもつ.
　d. レバーを手動操作することで接点の開閉を行う.
　e. ある定められた位置で, スナップアクションにより, 接点の開閉を行い, 位置・変位・移動などを検出する.

4・3 次の用途にもっとも適しているメカトロニクス用部品はどれか．**a**〜**e**から選び，（　）内に記入せよ．

① ルームエアコンを，一定時間経過後に，自動的に停止させたい．（　）

② 過電力を消費する負荷を開閉したい．（　）

③ 機械などの制御回路に組み込みたい．（　）

④ コンベヤ上の製品を計数したい．（　）

⑤ 金属体が近づいたことを検知したい．（　）

  a.　近接スイッチ（誘導形）　 **b.**　電磁開閉器　 **c.**　カウンタ

  d.　タイマ　 **e.**　小型電磁リレー（汎用）

4・4 自己保持回路でランプを点灯したい．その回路を描きなさい．使用部品は次の部品とする．

押しボタンスイッチ		リレー		ランプ
PBS₁	PBS₂	R コイル	R 接点	L

4・5 次の回路の動作状態を完成せよ．

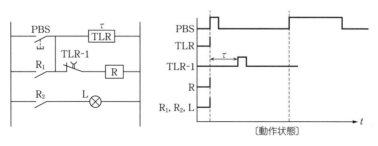

〔動作状態〕

4・6 次の文は，小型リレーの特徴を述べたものである．適するリレーを**a**〜**e**から選び，その記号を（　）に入れよ．

① 動作状態を記憶でき，無電力で動作の保持ができる．（　）

② 微小の入力でも動作できる．（　）

③ 周囲環境の影響を受けない．（　）

④ 動作時間，復帰時間が非常に速い．（　）

⑤ 高周波回路に用いられることが多く，損失も少ない．（　）

  a.　高速度リレー　 **b.**　密封リレー　 **c.**　高感度リレー

  d.　高周波リレー　 **e.**　ラッチインリレー

4·7 次の図は，電子用部品の図記号を示したものである．各図記号の部品の名称を答えよ．

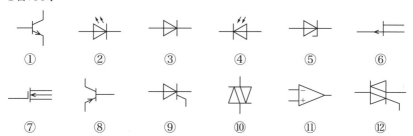

4·8 図 4·82 のようなダイオードの回路に流れる電流 I_F を求めよ．ただし，ダイオードの電圧降下 V_F は，$V_F ≒ 0.7$ V とする．

4·9 前述の問題 4·8 の回路で，$V = 30$ V，$R = 100$ Ω，ダイオードを表 4·5 に示した IS 2390 を用いたとき，流れる電流 I_F を求めよ．

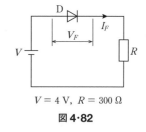

$V = 4$ V, $R = 300$ Ω

図 4·82

4·10 次の各ダイオードに関連ある用語および用途を下表から選び，その記号を（ ）内に記せ．

　　　　　　　　　　用語　　用途

① ツェナーダイオード　（ ）　　（ ）

② フォトダイオード　　（ ）　　（ ）

③ LED　　　　　　　（ ）　　（ ）

④ 一般のダイオード　　（ ）　　（ ）

用語		用途	
a.	光起電力効果	**I.**	表示装置
b.	点接触形	**II.**	安定化電源
c.	GaAs	**III.**	非接触の計測
d.	降伏電圧	**IV.**	検波

4·11 図 4·83 に示すトランジスタ回路で，$I_B = 0.02$ mA のとき，$I_E = 4.02$ mA 流れた．I_C はいくらか．また，直流電流増幅率 h_{FE} はいくらか．

図 4·83

4·12 図 4·84 に示すトランジスタ回路について，各問いに答えよ．ただし，トランジスタの静特性は図 4·85，図 4·86 を用いるものとする．

（**1**） バイアス電圧 V_{BE}，バイアス電流 I_B を求めよ．

（**2**） コレクタ電流 I_C，コレクタ‐エミッタ間電流 V_{CE} を求めよ．

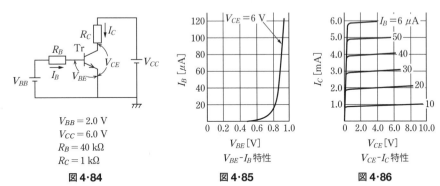

$V_{BB} = 2.0$ V
$V_{CC} = 6.0$ V
$R_B = 40$ kΩ
$R_C = 1$ kΩ

図 4·84

V_{BE}-I_B 特性

図 4·85

V_{CE}-I_C 特性

図 4·86

4·13 図 4·87 に示すようなトランジスタ増幅器がある．いま，入力交流電圧 $V_i = 0.1$ V を加えたら，入力電流 $I_i = 0.1$ mA 流れ，出力電流 $I_o = 5$ mA が流れた．この増幅回路の電流利得 G_i，電圧利得 G_v，電力利得 G_p を求めよ．

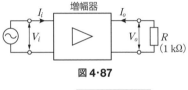

図 4·87

4·14 図 4·88 で，$V_{RC} = 4$ V のとき，I_C，V_{CE}，I_B，R_B を求めよ．ただし，トランジスタの直流電流増幅率 h_{FE} を 250，バイアス電圧 V_{BE} を 0.6 V とする．

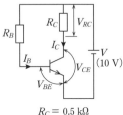

$R_C = 0.5$ kΩ

図 4·88

4·15 図 4·89 に示す FET の回路において，図 4·90 の特性曲線を用いて，I_D，V_{DS} を求めよ．

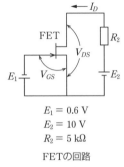

$E_1 = 0.6$ V
$E_2 = 10$ V
$R_2 = 5$ kΩ

FET の回路

図 4·89

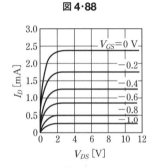

図 4·90

4·16 ダーリントン接続（図 **4·91**）において，$h_{FE1} = 100$，$h_{FE2} = 200$ のとき，$I_B = 0.1$ mA とすると，I_C はいくらになるか．

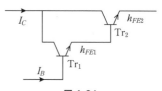

図 **4·91**

4·17 関連するものをそれぞれ線で結べ．

① SCR ● ● a. 3 層構造 ● ● I 双方向サイリスタ

② トライアック ● ● b. 4 層構造 ● ● II ダイオードの降伏現象

③ ダイアック ● ● c. 5 層構造 ● ● III シリコン制御整流素子

4·18 次の各問いに答えよ．ただし，トランジスタのバイアス電圧 V_{BE} を 0.7 V，コレクタ電流 I_C を $I_C \fallingdotseq I_E$ とする．

（**1**） 図 **4·92** において，入力電圧 V_i をいくらにしたら I_C が流れるようになるか．

（**2**） 図 **4·93** において，リレーを働かせるのに必要な電圧 V_i はいくらか．

（**3**） 図 **4·94** において，$V_i = 10.7$ V のとき，V_{BE}，I_E，I_B，消費電力 P_{RE} [W] を求めよ．

（**4**） 図 **4·95** はモータに加える電力制御回路である．$V_{C1} = 19.4$ V のとき，V_L，I_B はいくらか．ただし，$h_{FE1} = h_{FE2} = 100$ とする．

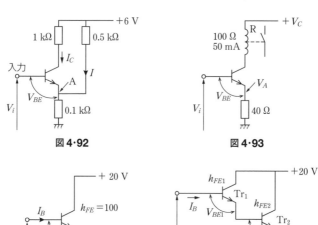

図 **4·92**　　　　　　図 **4·93**

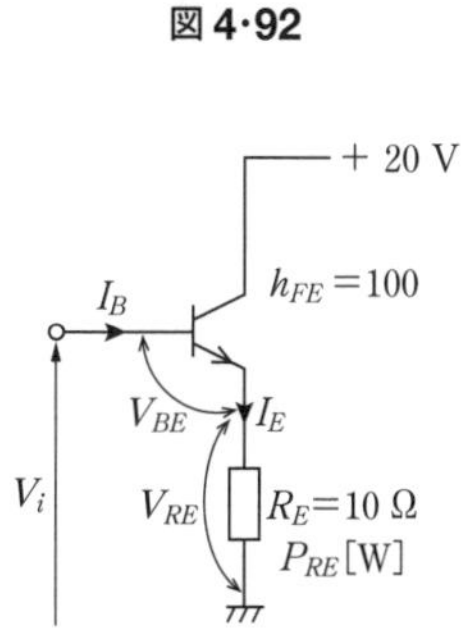

図 **4·94** 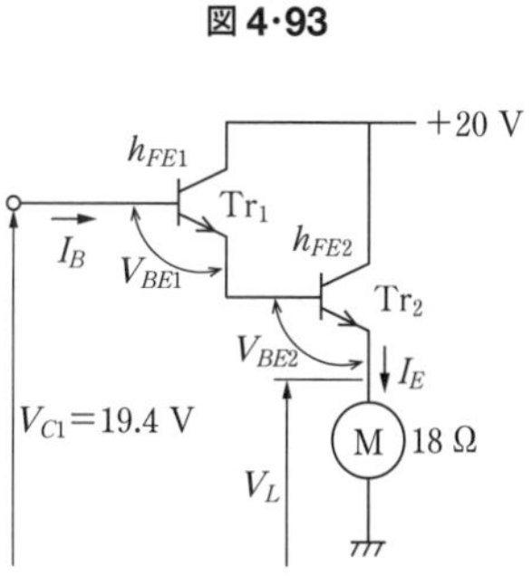　　　　　　図 **4·95**

4·19 次の文の ( ) 内に適語を **a 〜 n** から選び, その記号を入れよ.

(**1**) SCR は半導体 ( ) 素子で, 電極 A を ( ), G を ( ), K を ( ) といい, 大きな電流が流れる電極は, ( ) と ( ) である. SCR を ( ) にするために必要な電圧を ( ) といい, ON になった後アノードに流れる電流を減少させ, 元の OFF に戻るときの電流の限界値を ( ) という.

(**2**) オペアンプは ( ) 増幅素子で, ＋ と表示されている端子を ( ) 端子, － と表示されている端子を ( ) 端子という. 理想のオペアンプは増幅度が ( ), 入力インピーダンスが ( ), 入力電流が ( ), 出力インピーダンスが ( ) と考えられる.

a. 直流	**b.** 零	**c.** アノード	**d.** 保持電流
e. 非反転入力	**f.** 無限大	**g.** ゲート	**h.** 交流
i. ゲート電圧	**j.** 反転入力	**k.** スイッチング	**l.** カソード
m. OFF	**n.** ON		

4·20 図 **4·96** に示す SCR の回路に図 **4·97**(**a**), (**b**)のようなゲート電圧 V_G を与えたとき, 負荷に加わる電圧 V_L の波形を描け.

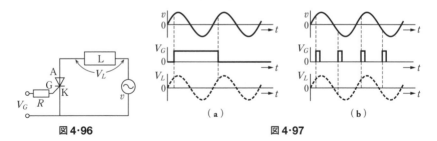

図 **4·96**　　　　図 **4·97**

4·21 図 **4·98** に示すトライアックの回路に図 **4·99**(**a**), (**b**)のようなゲート電圧 V_G を与えたとき, 負荷に加わる電圧 V_L の波形を描け.

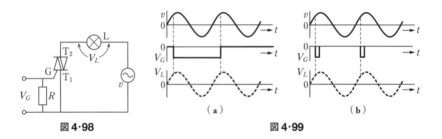

図 **4·98**　　　　図 **4·99**

4・22 図 **4・100** ～図 **4・104** に示すオペアンプの回路について，各問いに答えよ．

（1） 入力電圧 V_i を図 **4・100**，図 **4・101** のようにしたとき，V_o はいくらか．

（2） 図 **4・102** の非反転増幅回路の出力電圧 V_o はいくらか．

（3） 図 **4・103** の反転増幅回路の出力電圧 V_o はいくらか．

（4） 図 **4・104** の差動増幅回路の出力電圧 V_o はいくらか．

$V_i < 1$ Vのとき
$V_o \fallingdotseq$ ＿＿＿＿

$V_i > 1$ Vのとき
$V_o \fallingdotseq$ ＿＿＿＿

図 4・100

$V_i > -1$ Vのとき
$V_o \fallingdotseq$ ＿＿＿＿

$V_i < -1$ Vのとき
$V_o \fallingdotseq$ ＿＿＿＿

図 4・101

非反転増幅回路

図 4・102

反転増幅回路

図 4・103

差動増幅回路

図 4・104

4・23 次の表は，標準 TTL IC の電気的特性である．①～⑧ の（　）に，適切な数値を **a** ～ **h** から選び，記号で答えよ．

$V_{IL} =$ （①）以下	$V_{OL} =$ （②）以下	$I_{IL} =$ （③）	$I_{OL} =$ （④）
$V_{IH} =$ （⑤）以上	$V_{OH} =$ （⑥）以上	$I_{IH} =$ （⑦）	$I_{OH} =$ （⑧）

a. 40 μA　**b.** −16 mA　**c.** −1.6 mA　**d.** 400 μA

e. 2.0 V　**f.** 0.4 V　**g.** 0.8 V　**h.** 2.4 V

4・24 ファンアウトとは何か．簡単に説明せよ．

4・25 NAND 回路，NOR 回路を簡単に説明し，図記号と論理式を記せ．

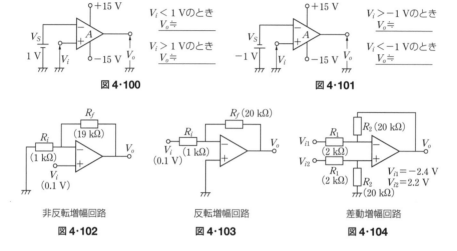

4·26 次の①～⑥はデジタルICの利用回路を示したものである. **a～h**の語句と関係あるものを選べ.

① フリップフロップ（　　） ② レジスタ（　　）

③ カウンタ（　　） ④ コード変換（　　）

⑤ マルチプレクサ（　　） ⑥ アダー（　　）

a. 加算機 **b.** エンコーダ **c.** データセレクタ

d. データの一時記憶 **e.** 計数 **f.** 二安定回路

g. デコーダ **h.** BCDコード

4·27 次の論理回路の論理式をかけ.

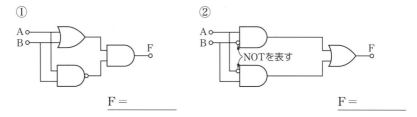

① F = _____

② F = _____

4·28 TTL ICの取扱いについて各問いに答えよ. ただし, 表**4·11**を参考にしなさい.

（**1**） 図**4·105**に示すICの出力がH（1）のとき, 流れる電流の範囲について説明せよ.

（**2**） 図**4·106**に示すICの出力がL（0）のとき, Rの値の範囲について説明せよ.

（**3**） スイッチONで入力をL, スイッチOFFで入力をHにしたい. 図**4·107**の回路でよいか考察せよ.

（**4**） スイッチONで入力をH, OFFでLにしたい. 図**4·108**の回路でよいか考察せよ.

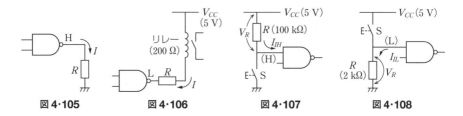

図**4·105** 図**4·106** 図**4·107** 図**4·108**

5

機械制御法の基本

　現在の産業界におけるメカトロニクス技術の進歩は，アクチュエータ，なかでもモータを中心とした制御法の進歩といえる．産業機械・機器関連の分野では，省力化・効率化を追求するとともに，より精密化をめざして，工作機械・各種の製造機械・搬送機械などの自動化が図られている．

　ここでは，機械を動かすモータの制御法の基本について考えてみることにしよう．

5·1 ┃ 制御対象と制御に必要な要素

1. 制御対象

制御対象として，図 5·1（ a ）のような工作機械のテーブルを想定しよう．

機械加工では，工作物を切削加工する場合が多く，テーブルは工作物を固定し，

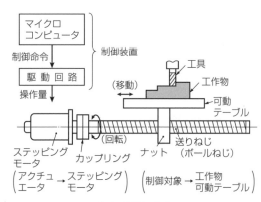

（ a ） テーブル案内部の外観 　　　　　　　　　（ b ） 制御の仕方

図 5·1　機械の制御例（テーブル案内部）

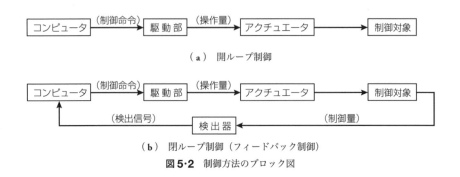

(a) 開ループ制御

(b) 閉ループ制御（フィードバック制御）

図 5·2 制御方法のブロック図

加工順序に合わせて移動するものである．したがって，このテーブルをどのように制御しながら移動させるかが大切な課題となる．

　一般に多く利用されている送りねじによる移動を考えると，テーブルを移動させるには，送りねじを回転させるモータ，すなわち**アクチュエータ**が必要となる．ここでは，ステッピングモータをアクチュエータとする．なお，図(b)は，実際のテーブル案内部の例を示したものである．

　図 5·2 に示すように，一般に，制御方法には**開ループ制御**（open-loop control）と**閉ループ制御**（closed-loop control）がある．閉ループ制御としては，精密な運動・位置決めが要求される場合などに，**フィードバック制御**（feedback control）が採用されている．ただし，装置は高価になる．

　さて，ここで再度，図 5·1(a)をみてみよう．このシステムは，工作機械のテーブルの送りねじ（ボールねじ）を，ステッピングモータで駆動することによって，テーブルを任意の速度で移動させ，任意の位置に停止させるものである．したがって，この制御は，マイクロコンピュータからの制御命令を駆動回路，ステッピングモータへと一方向だけに伝達し，制御の結果は命令入力側へ戻らないという制御方式であり，前述の開ループ制御に相当する．

2. 制御に必要な要素

（1） 送り運動と送りねじ　切削加工は，多くの場合，機械と動力を使って，工作物と工具に正確な相対運動を与えて切削する．これに用いる機械を，一般に**工作機械**（machine tool）という．

　工作機械の切削運動には，次の 3 つの運動がある．

① **主運動**（primary motion）　工作物の不要な部分を工具の刃部で削り取る

運動である．フライス盤では工具の回転，旋盤では工作物の回転，形削り盤の工作物または工具の直線運動などをいう．なお，主運動の速度を**切削速度**（cutting speed）という．

② **送り運動**（feed motion）　工作物へ工具の刃部が当たるように，工具または工作物を移動させる運動をいい，送り運動の速度を**送り速度**（feed speed），送り運動の量を**送り量**（feed per revolution）という．

③ **位置調整運動**（positioning motion）　工具の刃部を工作物に切り込ませて，設定した寸法だけを削り取るため，工作物や工具の位置を調整する運動をいう．この運動は，ふつう，主運動および送り運動に直角であり，この運動の量を**切込み**（depth of cut）という．

以上の運動の様子を，旋盤加工とフライス盤加工を例にとり，図 **5·3** に示す．

図（**b**）のフライス盤加工における工作物への送り運動は，テーブルの移動によって伝えられる．

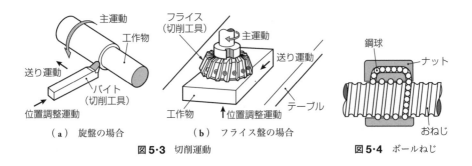

（**a**）　旋盤の場合　　　　（**b**）　フライス盤の場合

図 5·3　切削運動　　　　　　　　　　**図 5·4**　ボールねじ

工作機械には，送り運動や位置調整運動を与えるため，送りねじが使われるが，それには，一般に，台形ねじを用いることが多い．しかし，NC 工作機械などでは，これらの運動を迅速かつ正確に行わなければならないので，図 **5·4** に示す**ボールねじ**（ball screw）が用いられている．

ボールねじは，おねじの溝とナットのねじ溝とを対向させ，この間に多くの鋼球を 1 列に入れたねじで，おねじの回転とともに鋼球が転動しながら循環を繰り返し，運動を伝える機構になっている．

また，ボールねじは，ふつうのねじとナットがすべり接触であるのに対し，鋼球の転がりを利用するので，摩擦力が非常に低く，機械効率は 90% 以上に達する．さらに，**バックラッシ**（おねじとナットの間に設けられたすきま）がきわめて小さ

く，円滑な運動が得られる特徴がある．

（2） ステッピングモータと駆動回路

（a） ステッピングモータの概要

ステッピングモータ（stepping motor）は**パルスモータ**（pulse motor）とも呼ばれ，プリンタをはじめとする各種 OA 機器，FA 関係のアクチュエータとして利用され，速度制御や位置決め制御などに使われている．

ステッピングモータは，パルス信号を加えるごとに一定の角度だけ回転し，パルス周波数を変えることによって回転速度が変わるモータである．いいかえると，ステッピングモータの総回転角は，入力パルスの総数に比例し，その回転速度は，入力パルスの周波数に比例する．この性質は，デジタル制御が可能で，フィードバック機構を必要としない開ループ制御ができるということである．

また，ステッピングモータの特徴として，起動・停止・正転・逆転・変速・ステップ駆動などがあり，ほかのモータに比べてすぐれた特性をもっている．

図 **5·5** は，ステッピングモータの原理を示したもので，その動作は次のようである．

各励磁コイルを接続し，スイッチ S_A，S_B，S_C を切り換えてモータに A，B，C の順に電流を流すと，ロータがステータの磁極に引かれ，一定角度ずつ回転する．実際には，各励磁コイルに順にパルス電流を流し，パルス数に比例して回転

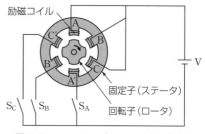

図 5·5 ステッピングモータの原理（可変リラクタンス形）[18]

する．また，パルス信号を逆に加えれば，ロータは逆転するようになる．ここで，1 パルスで回転する角度を**ステップ角**（step angle）といい，次式で示される．

$$\alpha = \frac{\theta}{n} \tag{5·1}$$

ただし，α：ステップ角 ［°／パルス］，θ：回転角 ［°］，n：入力パルス数．

ステッピングモータの種類には，**PM 形**（permanent magnet type：永久磁石形），**VR 形**（variable reluctance type：可変リラクタンス形），**ハイブリッド形**（hybrid type：複合形）などがある．図 **5·6** にハイブリッド形のステッピングモータの構造を示す．

ハイブリッド形ステッピングモータは，一般に，ロータには 50 個の歯があり，

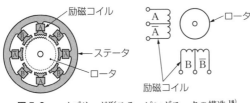

図 **5·6** ハイブリッド形ステッピングモータの構造[18]

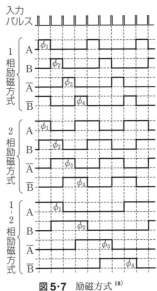

図 **5·7** 励磁方式[18]

ステータの 2 相励磁コイルには 48 個の歯が並んでいる. また, ステップ角は 1.8°となっている.

　ステッピングモータの励磁方式は, コイルに電流を流す方法により, 1 相励磁, 2 相励磁および 1-2 相励磁がある. これらの励磁信号を図 **5·7** に示す.

　① **1 相励磁**　電流を流すコイルが 1 相だけで, この相を順に切り換えていくという方法で, ステップ角は 1.8°である.

　② **2 相励磁**　2 個のコイルに同時に電流を流して, 順に相を切り換えていく方法で, ステップ角は 1.8°である.

　③ **1-2 相励磁**　1 相励磁と 2 相励磁を交互に行う方法で, 駆動電流が 2 パルスごとに切り換わるので, ステップ角も 0.9°となる.

　（**b**）**駆動回路**　ステッピングモータの駆動は, 図 **5·8** に示すような駆動回路によってなされる. 以下に, それぞれの部分について説明する.

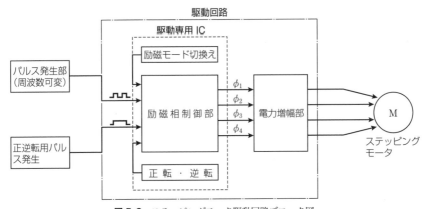

図 **5·8**　ステッピングモータ駆動回路ブロック図

① **パルス発生部**　一定周期のパルスを発生するとともに，パルスの周期（パルス周波数）を変化させる部分で，これによってステッピングモータの回転速度が調節できる.

② **励磁モード切換え**　1相励磁，2相励磁，1-2相励磁を必要に応じてあらかじめ選択する部分.

③ **励磁相制御部**　ステッピングモータの各励磁コイルに駆動信号を分配する.

④ **正転・逆転**　正逆転用パルスが入力されたとき，この回路でモータの回転方向を指令する.

⑤ **電力増幅部**　モータの励磁電流を増幅する回路で，これによってステッピングモータが必要とする電力が供給できる.

ステッピングモータを駆動させるには，図に示した駆動専用のICが多く用いられ，種類もいろいろあるが，基本的には，図 5・8 のようなブロック（駆動専用IC）の構成となっている.

なお，励磁相制御部の出力には，図 5・8 で示したように，パルスが入力されるたびに $\phi_1 \sim \phi_4$ まで順次パルス電流を流し，再び ϕ_1 に戻り，以下これを繰り返すようになっている.

図 5・9 に，駆動専用ICに電力増幅部を接続した駆動回路の例を示す. この回路では，駆動専用ICにパルス信号を入力することによってステッピングモータを回

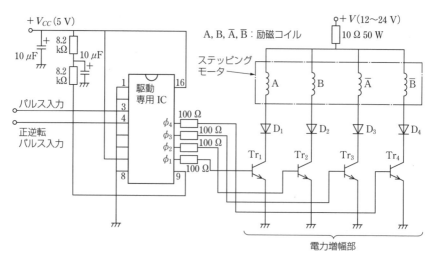

図 5・9　駆動回路例

転させることができる．また，正逆転パルス入力端子に H レベルか L レベルかの電圧を与えることでモータの回転方向を切り換えることができる．なお，トランジスタ $Tr_1 \sim Tr_4$ は，スイッチング用パワートランジスタで，増幅したパルス電流をステッピングモータの各励磁コイルに順次供給しているものである．

5·2 メカトロニクスでのコンピュータの役割

メカトロニクス技術は，コンピュータの進歩とともに発展してきた．このことは，1 章で述べたとおりであるが，それでは，実際にコンピュータがメカトロニクスの中でどのような働きをし，どんな役割をもっているのだろうか．

ここでは，具体的に機械を動かすためのモータを取り上げ，簡単にその制御法を述べる．ただし，使用するコンピュータは，マイクロコンピュータ（ワンボードマイコンやパーソナルコンピュータを想定）とする．

1. マイクロコンピュータとその入出力

コンピュータを利用して機械を制御するには，ワンボードマイコン，ワンチップマイコン，パーソナルコンピュータが用いられることが多い（表 5·1 参照）．

表 5·1 マイクロコンピュータの応用例

種類	用途	応用例	使用言語
ワンチップマイコン	機器内に組込み	家電製品・カメラ・自動車の電装品・機械制御	機械語
ワンボードマイコン	機器内に組込み	機械制御・自動計測	機械語
パーソナルコンピュータ	日常業務	経営管理・設計・工程管理・機械運転操作	アセンブラ言語・高水準言語
トレーニングマイコン	教材	マイコン教育・統計・CAI 教育	アセンブラ言語・高水準言語
開発用マイコン	マイコン開発	ハード・ソフトの開発	アセンブラ言語

（1） 入出力インタフェースの構成

（a） **マイクロコンピュータと入出力インタフェース**　図 5·10 に，マイクロコンピュータの中核である**マイクロプロセッサ**（CPU）と，入出力インタフェースとをバスライン（bus line）で接続した構成を示す．

図に示すように，入出力インタフェースには**入力ポート**（input port）と**出力**

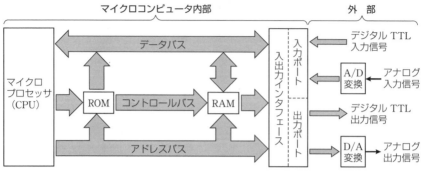

〔注〕　ROM：読み出し専用メモリ，RAM：読み書き両用メモリ，バス（bus）：信号を送るための伝送線の束

図5·10　マイクロコンピュータの構成

ポート（output port）があり，外部のセンサなどからの検出信号は入力ポートで受けつけられる．受け入れた信号はデータバスを通してマイクロプロセッサで演算処理される．また，処理された信号は，出力ポートを通して外部へ出力される．この際，コンピュータの信号レベルが外部機器との間で違いがあるときは，外部信号と入出力ポートの間に別のレベル変換回路（インタフェース回路）を設ける．

（**ｂ**）　**入力ポートと出力ポート**　マイクロコンピュータに入力データを取り入れて演算処理を行わせるには，入出力インタフェースの入力ポートから入力信号（この信号はデジタル信号で，コンピュータ内ではデータとして扱われる）を受けつけなければならない．

その場合，湿度・変位・電圧・温度・光などの物理量をデータとするときは，センサで電気信号に変換して検出し，A/D 変換回路によって入力ポートが受けつけるレベルのデジタル信号に変換する．

また，リレー回路や半導体で構成した論理回路など各種のデジタル回路のデータを入力ポートに受けつける場合は，途中でレベル変換を行って入力する．なお，TTL IC の出力レベルのデジタル信号では，そのまま入力ポートへ接続すればよい．入力ポートへの信号の受付けの様子を図**5·11**に示す．

次に，マイクロコンピュータで処理されたデータは，命令信号として外部へ出力ポートを通して送出される．この場合，モータ，ソレノイド，リレーなどのアクチュエータを駆動する信号が必要なときは，D/A 変換回路を入れてデジタルからアナログ信号に変換しなければならない．また，論理回路やデジタル用のアクチュ

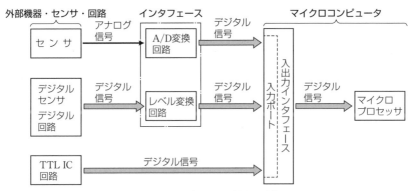

図5・11 入力ポートへの信号の受付け

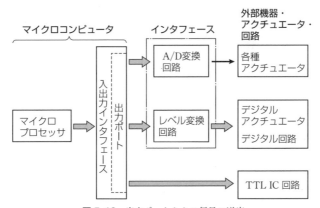

図5・12 出力ポートからの信号の送出

エータに信号を送るときは，レベル変換回路を通して信号の大きさを変換する．なお，TTL IC などの回路へは，出力ポートの信号をそのまま送出すればよい．出力ポートからの信号の送出の様子を図**5・12**に示す．

（**2**） **コンピュータのプログラミング**　コンピュータは，どんな種類のものであっても，主メモリに書き込まれる命令のプログラムによって動作する．このプログラムをつくることを**プログラミング**（programming）という．

（**a**）　**プログラム言語**　コンピュータを働かせるためには，**機械語**（machine language）というプログラム言語が必要である．機械語は1と0の2進符号によって表現し，コンピュータが直接解読し，実行できるプログラム言語で，ワンチップコンピュータ，ワンボードコンピュータで主として用いられる．

機械語でプログラムをつくることには相当の熟練がいる．そこで，もう少し扱いやすい次のような言語が使われる．

① **アセンブラ言語**（assembler language）　機械語と1対1に対応するいくつかの英文字（ニーモニックコード：knimonic code）で命令を表すもので，命令の実行は，アセンブラというプログラムによってコンピュータが自動的にアセンブラ言語を機械語に変換し，実行する．おもに，ワンボードマイコンやパーソナルコンピュータで使われる．

② **BASIC**　コンピュータのハードウェア（hardware：コンピュータの働きや論理回路など）の知識がなくても，人間の言語の感覚でプログラミングできる言語で，高水準言語と呼ばれる．おもにパーソナルコンピュータで使われ，インタプリタというプログラムで機械語に変換される．

③ **その他の高水準言語**　FORTRAN，COBOL，PASCAL，Cなどがもっとも多く使われる高水準言語で，コンパイラというプログラムによって機械語に変換される．おもにパーソナルコンピュータやマイクロコンピュータ以外の大容量のコンピュータで使われている．

（**b**）　**フローチャート**　コンピュータに作業を行わせる場合，いくつかの順序づけられた命令の組合わせによって実行される．この命令の手順をわかりやすく表すために**フローチャート**（flow chart：**流れ図**）を必要とする．

フローチャートは，プログラミングの際に便利なもので，これを書く場合には，JISで定められた図記号によって表現する．図記号の一部を表**5·2**に示す．

表5·2　フローチャートの図記号（**JIS X 0121：1986** より抜粋）

図記号	名称	記号の意味
	端子	フローチャートの開始・終了・停止を表す．
	準備	初期値の設定を表す．
	データ	入出力のデータを表す．
	判断	判断・比較を表す．
	処理	あらゆる種類の処理機能を表す．
	定義済み処理	あらかじめ必要なプログラムを作成した機能（サブルーチン）を表す．
	手操作入力	キーボード・スイッチなどの入力装置の操作でデータを直接入力することを表す．

2. マイクロコンピュータによる制御

マイクロコンピュータを用いて機械や機器を制御するという意味は，次のようなことをいう．

① センサによって制御対象から信号を入力する．

② 制御命令の信号を出力して，回転・往復運動を行わせる．

③ 上記①，②を行わせるため，制御用プログラムを作成する．

機械は，以上の①〜③の組合わせによって制御されている．したがって，マイクロコンピュータで機械を制御するためには，この①，②，③の技術を理解することが基本となる．

ここでは，図5·1に示したような工作機械のテーブルの制御について考えてみよう．

（1） モータの制御 ここで用いるモータは，前述したステッピングモータで，1パルスで0.9°回転するものとする．

マイクロコンピュータによりステッピングモータを回転させる方法は，図5·13に示すように，マイクロコンピュータの入出力インタフェースの出力ポートから2種類のパルス信号を送出して行われる．パルス信号の1つは，モータを正転させるか逆転させるかを指定するパルスであり，ほかの1つは，モータを回転させるためのパルスである．

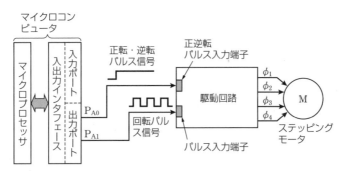

図5·13 モータの制御

以下に，図5·13に示したモータ制御の方法について述べる．

図において，出力ポートのP_{A0}端子より正逆転用パルス信号を，P_{A1}端子より回転用パルス信号を送出するものとする．また，図5·14（a）のように，P_{A0}端子にH（1）の信号を出力した場合を正転，L（0）の信号の場合を逆転に対応させてお

けば，モータを正転させるときは P_{A0} 端子に H
の信号を出力し，P_{A1} 端子より回転用パルスを連
続して出力させればよいことになる．

一方，ステッピングモータは，図（**b**）に示す
ように，回転用パルス信号がHレベルからLレ
ベルに変化するとき，一定の角度だけ回転する
（L→Hのとき回転するモータもある）．そして，
回転速度を変化させる場合は，回転用パルス信号
の周期 T を短くして，パルス周波数を高く設定
すればよい．

したがって，ステッピングモータは，表 **5・3**
のように，4通りの制御が行われることになる．

次に，テーブルの移動について考える．

図 **5・15** に示すように，ステッピングモータに
ボールねじを接続し，ステッピングモータを回転
させると，回転に応じてナットは左右に移動する．
したがって，たとえば，ボールねじのピッチを 4

H：正回転　L：逆回転
P_{A0} のパルス信号

P_{A1} のパルス信号

（**a**）　出力ポートの信号

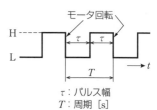

τ：パルス幅
T：周期 [s]

パルス周波数　$f = \dfrac{1}{T}$ [Hz]

（**b**）　回転用（P_{A1}）パルス信号
図5・14　パルス信号の出力

mm とすれば, ボールねじが 1 回転するごとにナットは 4 mm 移動することになる.

また，ステッピングモータのステップ角を 0.9°／パルスとすれば，モータを 1 回
転させるためには，400 パルス（$360°/0.9° = 400$ パルス）をモータに与えればよ
い．すなわち，マイクロコンピュータの出力ポート P_{A1} 端子からは，400 パルスの
信号を出力すれば，ステッピングモータは 1 回転し，テーブルのナットは 4 mm 移
動することになる．いいかえれば，ナットの 1 mm の移動は，100 パルスの信号の
出力によって行われるということになる．

表5・3　ステッピングモータに与えるパルス信号

モータの回転 ＼ 出力ポート	P_{A0} 端子	P_{A1} 端子
正転で低速	H	⎍⎍⎍
正転で高速	H	⎍⎍⎍⎍⎍⎍
逆転で低速	L	⎍⎍⎍
逆転で高速	L	⎍⎍⎍⎍⎍⎍

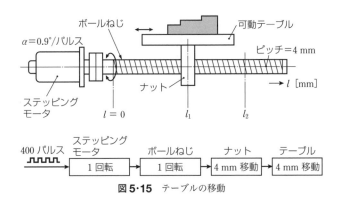

図 5·15 テーブルの移動

図 5·15 において，現在のナットの座標値を l_1 とすれば，いま，ナットを座標値 l_2 まで移動させようと考えた場合

$$l_2 - l_1 \geqq 0$$

ならば，ステッピングモータを正転させるため，P_{A0} 端子から H レベルの信号を出力し

$$l_2 - l_1 < 0$$

ならば逆転させるため，P_{A0} 端子から L レベルの信号を出力することになる．そして，次に P_{A1} 端子より $100 \times (l_2 - l_1)$ 個のパルス信号を出力させると，テーブルは指定された座標値 l_2 まで移動できることになる．

以上が，マイクロコンピュータによるモータ制御の基本的な動きであり，このような制御の基本の組合わせによって，複雑な機械・装置などの制御が可能となる．

（2）制御用プログラム マイクロコンピュータの入出力インタフェースの出力ポートに，制御のためのパルスを出力させるには，図 5·16(a)のパルス信号どおりにプログラムを作成すればよい．

たとえば，最初に出力ポートのどの端子からパルス信号を出力するかを指定する．この図では，P_{A1} 端子を指定し，この端子から，H （1）の信号と L （0）の信号を一定時間 （τ）の間隔で交互に出力する．

この場合，P_{A1} の端子を，スイッチングのように 0 と 1 を繰り返すことでパルス信号が得られる．これを $100 \times (l_2 - l_1)$ 回繰り返すことで，P_{A1} 端子から $100 \times (l_2 - l_1)$ 個のパルス信号を出力することができる〔図(b)参照〕．また，一定時間 （τ）は，プログラム上で簡単に作成することができるので，一定時間 （τ）を長くすれば，パルス間隔が広がり，低い周波数のパルス信号が出力され，モータの回転

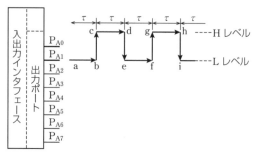

（**a**） パルス信号の出力

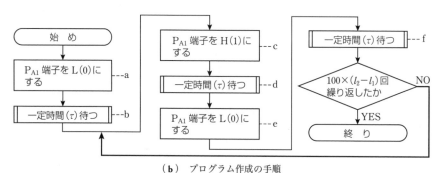

（**b**） プログラム作成の手順

図5·16 パルス信号の出力とプログラミング

速度は遅くなる．逆にτを短くすると，モータの回転速度を高くできる．

なお，このプログラムは，アセンブラ言語や BASIC 言語で比較的簡単に作成することができる．

5章 | 演習問題

5·1 ステッピングモータについて各問いに答えよ.

（**1**） ステッピングモータは，閉ループ制御と開ループ制御のどちらに用いられるか.

（**2**） ステッピングモータの励磁コイルに電流を流す方法には，どんな方法があるか. 3つ答えよ.

（**3**） ステップ角 $\alpha = 1.8°$ / パルス，入力パルス数 $n = 1000$ とすれば，このステッピングモータの回転角 $\theta°$ はいくらか.

（**4**） 図 **5·14**（**b**）で，パルス幅 $\tau = 1\,\mathrm{ms}$ のとき，パルス周波数 f はいくらか.

5·2 ピッチ 5 mm のボールねじがある. ボールねじが 20 回転すると，ナットはいくら移動するか答えよ.

第3編

制御技術の基礎

　メカニクスとエレクトロニクス，および情報技術の融合によって生まれたメカトロニクスの技術は，**FMS**（flexible manufacturing system）**化**や **FA**（factory automation）**化**へと進展し，産業界とくに生産会社の体制を大きく変えている．

　これは，メカトロニクスをもとにした NC 工作機械，マシニングセンタ，産業用ロボット，自動搬送装置，自動倉庫などの電子機械の発展によるところが大きい．これらの電子機械を支えるのが制御技術である．

　制御技術では，生産工程に，より柔軟性をもたせるための制御システムをどのように計画するか，検出した信号値をどのように処理するかなどが重要な課題となっている．

　ここでは，制御技術に必要なシーケンス制御（sequential control）とフィードバック制御（feedback control）の基本について学習しよう．

6

シーケンス制御

各種の自動化された工作機械，エレベータ，交通信号機や日常生活における全自動洗濯機，自動販売機などの電子機械では，制御技術が広く応用されている．ここでは，機械の自動化を図るために欠くことのできないシーケンス制御の基礎として，シーケンス回路の基本構成，リレーによる制御方法，プログラマブルコントローラによる制御例について学習しよう．

▌6·1 　シーケンス制御の基本

シーケンス（sequence）とは，現象が続いて起こること，あるいは，ある法則にしたがって現象が起こることをいい，JIS ではシーケンス制御の意味を次のように規定している．

"あらかじめ定められた順序，または論理にしたがって制御の各段階を逐次進めていく制御"

したがって，シーケンス制御においては，次の①，②などが組み合わされていることが多い．

①　次の段階で行うべき制御動作があらかじめ定められていて，前段階における制御動作を完了（あるいは動作後一定時間を経過）した後，次の動作に移行する場合．

②　制御結果に応じて，次に行うべき動作を選定して，次の段階に移行する場合．

シーケンス制御の一例として，図 6·2 にエレベータの動作を示す．図からわかるように，エレベータ

図 6·1 工作機械用シーケンス制御盤

図6·2 エレベータの動作

の動作は"エレベータに乗って目的の階のボタンを押す→扉が閉まり，動き始める→目的の階に近づくと速度が調節され，フロアと正しく一致するように停止して扉が開く"というように，定められた順序によって行われる．

　いいかえれば，初めに目的の階を選択さえすれば，あとは各動作を自動的に制御しながら目的の階に着くようになっている．この一連の動作を**シーケンス制御**といい，応用例としては，表6·1に示すようなものがある．

表6·1 シーケンス制御の応用例

日常生活への応用		全自動洗濯機，自動販売機，交通信号機，遊戯用機械，火災報知器，街路灯，自動ドア，自動給水装置，広告塔，自動踏切り装置，エレベータ，エスカレータ，動く歩道
産業への応用	機械加工	各種工作機械，トランスファマシン，自動プレス，産業用ロボット
	電力	発電の始動・停止，送配電系統の保護および自動切換え装置
	運搬	自動搬送車，コンベヤ，起重機，巻上げ機，荷物用エレベータ
	プロセス工業	染色槽，発酵槽，上下水道処理装置，平炉，転炉
	運輸	自動列車制御装置（ATC），船舶の自動給電

　表からわかるように，シーケンス制御の応用は多方面にわたっているが，企業においては，生産性の向上，設備稼動率の向上，品質の均一化やその向上，作業の合理化および危険防止などに効果をあげている．

　以上をまとめると，シーケンス制御は，機械の自動化を図るうえでは欠くことのできない制御であって，メカトロニクスの視点からも充分に考慮しなければならない要素といえる．

1．シーケンス制御の基本構成

　図6·3に，シーケンス制御系の基本的な構成を示す．図において，制御の対象となるものを**制御対象**（controlled object）といい，制御対象に組み合わされて制御を行う装置を**制御装置**（controller）という．

　制御装置は，一般に，**制御量**（controlled variable）が所定の状態であるかない

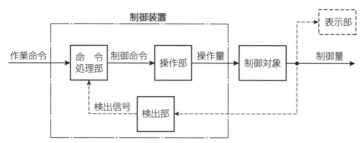

〔注〕 制御量：制御の目的となっている量.
　　　操作量：制御量を支配することができる量.

図 6·3 シーケンス制御系の基本構成

かを検出して，ON-OFF 信号を発生する**検出部**（detecting element）と，作業命令を増幅・変換し，制御対象を直接制御する命令処理部や操作部から構成されている.

　シーケンス制御では，前の動作から次の動作に移行するための条件となる検出信号を制御対象から受け，それを命令処理に戻して制御を行うものが多い. ただし，交通信号機など，一定時間を経過した後，次の動作に移るものでは，検出信号や検出部は不要である. また，作業命令は，スイッチなど人が与える手動信号や，タイマなどの時間信号などがあり，動作の始まりを表す命令である.

　シーケンス制御系の基本要素と信号の働きを表 6·2 に示す.

表 6·2 シーケンス制御系の基本要素と信号の働き

要素・信号名	要素・信号の機能
作 業 命 令	外部より系に与えられる命令：始動・停止信号など.
制 御 命 令	系をどのように制御するかを決定する命令：テーブルの移動方向を決める信号など.
命令処理部	作業命令と検出信号から制御命令をつくる部分：電気・電子制御回路など.
操　作　部	制御命令を増幅・変換して，制御対象を制御する操作信号をつくる部分：電磁バルブ，シリンダなど.
検　出　部	制御量が目標の状態か否かを示す 2 値信号を発生する部分：光電スイッチ，リミットスイッチなど.
表　示　部	制御対象の状況を表示したり，警告を発したりする部分：操作パネル，警報パネルなど.

2. シーケンス制御の制御方式

制御方式には，図6・4に示すように，電気式，空気圧式，油圧式がある.

比較的簡単な制御システムの場合は，1つの制御方式だけでシーケンス回路を構成することができるが，制御内容が複雑になる場合は，それぞれの特徴を生かして，これらを組み合わせて構成することが多い．しかし，出力部に空気圧や油圧を用いた装置であっても，制御の容易さや応答の速さなどから制御装置には電気式が多く用いられる.

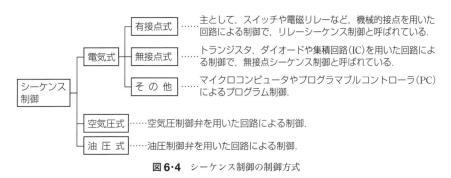

図6・4 シーケンス制御の制御方式

3. シーケンス制御用機器

シーケンス制御に用いられる制御用機器については，4章で基本的な要素としてすでに学習したが，ここでは，シーケンス制御という視点から制御用機器を分類してみよう.

図6・5は，三相モータ駆動用シーケンス回路を示したものである．三相モータを運転するためのシーケンス回路には，大電力を消費する負荷回路すなわち主回路がある．また，この主回路の開閉操作には，補助回路を必要とする.

図に示すように，主回路は，三相（R相・S相・T相）電源に接続され，その電力回路の開閉のため，電磁接触器 MC_1 を通して三相モータに電源を

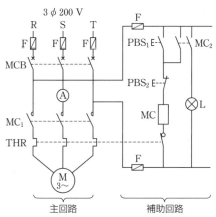

図6・5 三相モータ駆動用シーケンス回路

供給している．補助回路は，三相電源から2線を取り出し，200Vの単相電源として用いることができるが，制御用部品には200V用の規格のものが必要である．

なお，三相の主回路では，1つのヒューズが溶断すると，他の2線によってモータが単相運転し，過大電流が流れることがある．そのため，過大電流が流れると，電磁力によって回路を直ちに遮断するための機器が必要となる．この働きをするものが**サーキットブレーカ**と呼ばれる**回路用遮断器**（electromagnetic circuit breaker：MCB）である．また，図中のTHRは**サーマルリレー**（thermal relay）と呼ばれもので，負荷電流が増大したとき自動的に接点を開いて補助回路を遮断するリレーである．

さて，この回路に用いられている制御用機器を調べると，次のように分類できる．

① 制御対象の操作機能としての**操作用機器**　押しボタンスイッチ PBS_1，PBS_2

② 制御対象を制御する**制御用機器**　補助回路の電磁接触器の補助接点 MC_2

③ 制御対象を駆動する**駆動用機器**　電磁接触器 MC_1

④ 動作状態や異常の検出，安全のための保護としての**検出・保護用機器**　サーマルリレー THR，回路用遮断器 MCB

⑤ 制御システムの状態や警報を知らせる**表示用機器**　表示灯 L，電流計 A

（1）操作用機器　制御対象である機械や装置に運転や停止の命令信号を与えるもので，人が操作する機器をいう．すでに述べたように，この機器には押しボタンスイッチやスナップスイッチのほかに，電源の開閉に用いられる**ナイフスイッチ**（knife switch），ボタン形ハンドルを操作することで接点を開閉する**タンブラスイッチ**（tumbler switch）や選択スイッチなどがある．

なお，選択スイッチは切換えスイッチとも呼ばれ，回路を切り換えるために使用される．機構によって，カム形・スナップ形・ロータリ形がある．

（2）制御用機器　操作用機器からの運転・停止などの命令信号や，検出・保護用機器からの信号などを受けて，具体的に制御信号をつくり出す機器である．論理制御には電磁リレーが，時間制御にはタイマが用いられる．

タイマには，構造上，次のようなものがある．

① **電子式タイマ**　CR回路の充放電特性を利用したものや，発振周波数をカウントするものがあり，小型で精度もよいので，多く用いられている．

② **電動式タイマ**　小型の**同期モータ**（synchronous motor）を利用したもので，その回転速度は電源の周波数によって決まる．同期モータの速度を N_s，電源周波数を f，モータの磁極数を p とすれば，同期モータの速度 N_s は

$$N_s = \frac{120f}{p} \quad [\text{min}^{-1}] \qquad (6\cdot1)$$

で表される.

③ **制動式タイマ** 気体や液体の粘性を利用したもので，精度を必要としないところに用いられる.

以上のほかに，制御用機器として，マイクロコンピュータやプログラマブルコントローラ（後述）などがある.

（3） 駆動用機器 制御用機器の出力信号では，制御対象を直接駆動させることができない．したがって，電圧や電流のレベルを上げることが必要で，そのための駆動用機器として，電磁接触器や電磁開閉器が用いられる．また今日では，駆動用機器に半導体を使用した SSR が多く用いられている．この **SSR**（solid state relay：図 6·6）は，電力用半導体リレーで，モータ，ソレノイド，ヒータ，ランプ，電磁バルブなどを直接駆動することができ，図 6·7 に示すように，交流出力用と直流出力用とがある.

（a） フォトカプラ絶縁方式 　（b） フォトサイリスタ絶縁方式

図 6·6 SSR の外観

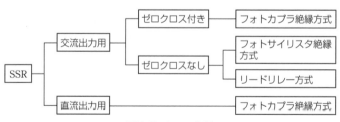

図 6·7 SSR の分類

図 6·8 は，交流出力用 SSR の内部構造の例を示したもので，この図からわかるように，SSR は，入力と出力は絶縁状態になっていて，信号は光によって接続されていることになる．なお，図（a）に示す方式はゼロクロス機能をもった SSR で，誘導負荷の ON-OFF に有利である.

図 6·9（a）は，入力側の LED とゼロクロス回路および出力のトライアックを小型にした IC 形の SSR の構成例である．このうち，ゼロクロス回路は，交流波形のどの位置に信号が入っても，0 V 付近になったとき動作するもので，負荷に緩やか

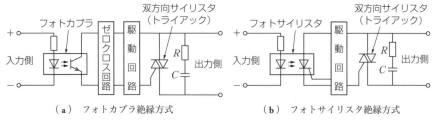

（ a ） フォトカプラ絶縁方式 　　　（ b ） フォトサイリスタ絶縁方式

図6·8 交流出力用 SSR の構造

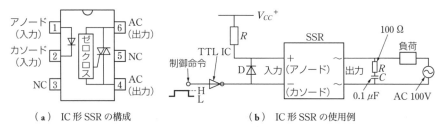

（ a ） IC 形 SSR の構成 　　　（ b ） IC 形 SSR の使用例

図6·9 IC 形 SSR の構成例と使用例

に電流を流す働きがある．そのため，起動電流の大きいモータ，ソレノイドなどの駆動に適している．なお，このタイプの SSR は，AC 100 V，AC 200 V 用があり，電流容量は 50 mA 程度のものが多い．

　図（ b ）は IC 形の SSR を使用した回路例で，制御機器としてマイクロコンピュータやそのほかの出力によって，交流負荷を ON-OFF 制御できる．したがって，制御命令は，H を与えると負荷を ON にし，L を与えると OFF になる．また，図中のダイオード D は入力ノイズを減少させるもので，出力側の抵抗 R，コンデンサ C はスナバ回路（RC 直列回路で誘導負荷の逆起電力を吸収する回路）を形成している．なお，この図（ b ）の回路では，大電流の開閉に，図に示す出力を利用して外付けのトライアックを働かせることもできる．

　（ 4 ）　**検出用機器・保護用機器**　検出用機器は，制御対象の状態を検出し，命令処理部に情報を伝えるもので，各種のリミットスイッチ，近接スイッチ，光電スイッチや超音波の反射波を利用する超音波スイッチなどがある．

　保護用機器は，負荷に対する保護機能をもつ機器で，回路遮断器やサーマルリレーがある．このほか，過負荷保護・欠相（三相のうち一相が断線）保護・反相（相が入れ換わる）保護機能をもつ **3E リレー**（3E relay）などもある．

（5）**表示用機器**　制御システムの状態を表示したり，異常が生じた場合，警報を指示したりするもので，表示灯，ブザー，ベルなどがある．このほか，ランプなどを断続的に点灯させる**フリッカリレー**（flicker relay）や，機器の故障，過電流・地絡などをブザー，ランプで表示させる**アナンシェータリレー**（annunciator relay）などがある．

5. シーケンス図とタイムチャート

（1）**シーケンス図**　電磁リレーと押しボタンスイッチを用いてランプを点灯させる実体配線図を図 **6·10**（**a**）に示す．

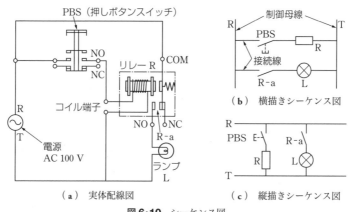

図**6·10**　シーケンス図

この回路図は，機器の接続関係を表すには便利であるが，複雑な回路になると，制御の動作順序を調べるのには大変不便である．そこで，機器の配列ではなく，その働きに着目し，各機器の接点などの動作の順を追って表した図を用いると便利になる．この図のことを**シーケンス図**（sequence diagram）という．

シーケンス図には，図（**b**）に示すように，左右の制御母線の間に接続線を横に引いた横書きシーケンス図と，図（**c**）に示すように，制御母線が上下にある縦書きシーケンス図とがある．

母線は，直流電源の場合は P（＋），N（－），交流電源の場合は R，T，三相の場合は R，S，T の記号をつけて区別している．したがって，図 **6·5** に示した三相モータ駆動用の回路は縦書きシーケンス図といえる．

また，シーケンス図は，一般に，次のような状態で描き表す．

① 電源は OFF の状態で，手動操作のスイッチなどは手を触れない状態.

② 制御すべき機器は停止している状態.

③ リレー接点は復帰している状態.

なお，制御回路を設計し，シーケンス図を描く場合，電源に対してリレー（励磁コイル）は必ずスイッチやリレー接点のあとに置くようにすることが大切である．逆の場合では，リレーとスイッチ間が地絡したとき，リレーが誤動作し，大きな危険をともなうことがある.

（**2**） **タイムチャート** シーケンス制御において，シーケンス回路の機器の動作や，制御される装置・機器の動作を，時間的な関係で示した図を**タイムチャート** (time-chart) という．シーケンス図とは異なり，正確な時間目盛りにしたがって回路間，装置間の様子を描き表し，シーケンス回路の設計や解析に使われることが多い.

タイムチャートは，図 **6·11** に示すように，横軸方向に時間を，縦軸方向に各機器や装置の動作状態をとる．図（**a**）は図 **6·10** のシーケンス図のタイムチャートを示したもので，これから次の動作内容を読み取ることができる.

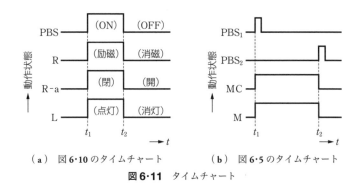

（**a**） 図 **6·10** のタイムチャート　　（**b**） 図 **6·5** のタイムチャート

図 6·11 タイムチャート

① 時間 t_1 で PBS を ON 操作する → リレーコイル R が励磁される → リレーの a 接点 R-a が閉じる → ランプ L が点灯する.

② 時間 t_2 で PBS を OFF にする → リレーコイル R が消磁される → 接点 R-a が開く → ランプ L が消灯する.

なお，図（**b**）は，図 **6·5** のシーケンス回路のタイムチャートを示したものである.

6·2 │ リレーシーケンス

　今日のシーケンス制御回路では，IC論理素子を使った無接点リレーや，プログラマブルコントローラなどの制御機器を用いて回路を構成することが多いが，電子機械分野での各種工作機械や自動装置などの駆動系では，有接点リレーを用いて構成する場合も少なくない（図**6·12**）．

　ここでは，有接点リレーを使った基本的なシーケンス制御回路をあげる．

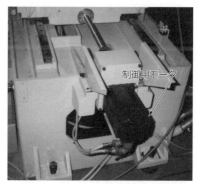

制御用モータ

図6·12 機械に取りつけられた
制御用モータ

1．インタロック

（**1**）　**インタロック回路**　2つ以上のシステム間で，一方が動作している間は，他方は，入力があっても動作しないようにする回路のことを**インタロック回路**（interlock circuit）という．この回路は，自己保持回路とともにリレーシーケンスの中ではもっとも基本的な回路であり，多くの制御回路に応用されている．

　図**6·13**を使ってインタロック回路の制御方式を簡単に説明する．図（**a**）に示すスイッチ PBS-1 を押すと，リレー R_1 が励磁され，リレー接点 R_1-a で自己保持されて，表示灯 L_1 が点灯する．この状態でスイッチ PBS-2 を押しても，R_1-b の接

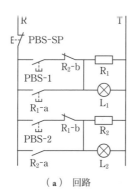

（**a**）　回路

（**b**）　タイムチャート

図6·13　インタロック回路

点が開いているので，リレー R_2 は励磁されない．

　次に，表示灯 L_2 の点灯であるが，これはまず，ストップ用スイッチ PBS-SP を押し，リレー R_1 の自己保持を解除する．その後，スイッチ PBS-2 を押すと，リレー R_2 が励磁され，接点 R_2-a で自己保持されて，表示灯 L_2 が点灯する．

　このように，ある条件（ここでは PBS-SP を押すこと）が満足されないかぎり，動作が阻止される回路をインタロック回路といい，動作に優先度をもたせたり，機器や装置の保護・安全を図るときに用いられる．

　（2）　モータの正逆転回路　図 **6·14** は，三相モータを正転と逆転に切り換える回路で，三相モータは三相（R相・S相・T相）のうち，2つの相を入れ換えることによって回転の方向を変えることができる．

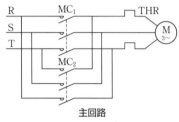

主回路

　図において，仮に，モータの主回路を開閉する電磁接触器 MC_1（正転用）と MC_2（逆転用）が同時に閉じたら，主回路はショート（短絡）することになってしまうので，モータの正転中に間違って逆転用スイッチを押しても絶対に逆転回路が働かないように，また，逆転中に正転スイッチを押したとき，正転回路が働かないようにする必要がある．これは，先に閉じた回路を優先させることで解決できるので，優先される回路が閉じたと

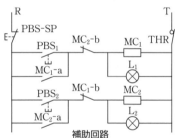

補助回路

図 6·14　三相モータの正・逆転回路

き，インタロックによってほかの回路が動作しないようにさせればよい．

　以下に，図 **6·14** における正・逆転回路の制御について説明する．

　図において，PBS_1 を押すと，電磁接触器 MC_1 が励磁され，主回路の接点 MC_1 が閉じて，三相モータは正転する．そして，同時に，正転用表示灯 L_1 が点灯する．ここで，逆転スイッチ PBS_2 を押しても逆転することはない．モータの回転を停止させるときは，ストップスイッチ PBS-SP を押す．

　この場合，電磁接触器 MC_1 と MC_2 の回路には，それぞれ他方の b 接点が直列に入っているので，MC_1，MC_2 が同時に動作することはない．また，モータを逆転させる場合には，ストップスイッチ PBS-SP を押し，すべてを復帰させてから逆転用スイッチ PBS_2 を押す．なお，L_2 は逆転用表示灯である．

（3）複数の機械の駆動回路 図6·15は，操作用押しボタンスイッチ3個，電磁リレー2個，電磁接触器2個および表示灯4個を使った機械I，機械IIのシーケンス回路のタイムチャートを示したもので，これについて考えてみよう．

図に示すタイムチャートは，駆動用スイッチ PBS₁ を押すと機械Iが駆動し，次に，スイッチ PBS₂ を押すと，機械Iが停止すると同時に機械IIが駆動する．また，ストップ用スイッチ PBS-SP を押すと，機械I，IIとも停止し，すべて解除される．そして，機械の停止中には緑の表示灯が，駆動中には白の表示灯が点灯するようになっている．したがって，以上の条件をもとにシーケンス図を考えると，図6·16に示すようなシーケンス図になる．ただし，このシーケンス回路は，後か

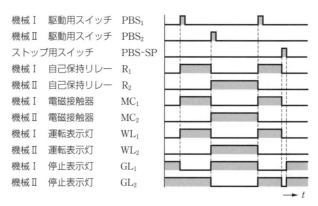

図6·15 機械駆動タイムチャート

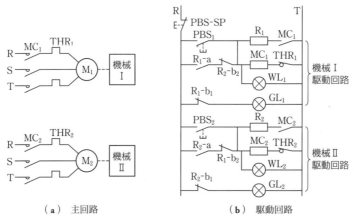

（a）主回路 （b）駆動回路

図6·16 図6·15をもとにしたシーケンス回路

らの入力信号を優先させる回路である.

　以下に，図 **6・16** のシーケンス回路の動作について説明する.

　図において，スイッチ PBS_1 を閉じると，リレーコイル R_1 が励磁され，機械 I の駆動回路に自己保持がかかる．同時に電磁接触器 MC_1 が励磁され，主回路の主接点 MC_1 が閉じるので，機械 I のモータ M_1 が駆動する．ここで機械 I の運転表示灯 WL_1 は点灯し，停止表示灯 GL_1 は消灯する.

　また，この状態（機械 I が駆動している状態）でスイッチ PBS_2 を閉じると，リレーコイル R_2 が励磁され，R_2 の b 接点 R_2-b_2 が開き，機械 I の回路の自己保持は解除され，機械 I のモータ M_1 は停止する．これと同時に，R_2 のリレーコイルは励磁されているので，接点 R_2-a が閉じ，機械 II の回路が自己保持される．したがって，MC_2 が同時に働き，主回路の主接点 MC_2 が閉じて，機械 II のモータ M_2 が駆動する．このとき，機械 I の停止表示灯 GL_1，機械 II の運転表示灯 WL_2 はともに点灯し，機械 II の停止表示灯 GL_2 は消灯する.

　なお，機械 I に運転を切り換える場合はスイッチ PBS_1 を閉じ，すべてを停止する場合はストップスイッチ PBS-SP を押すことで駆動回路全部が復帰する.

2. タイマによる制御

（1） 一定時間動作回路　機械を駆動させた後，一定時間経過すると機械を停止させ，元の状態に復帰させる場合の回路を，図 **6・17** に示す.

　この回路は，図に示すように，タイマ TLR を使って時間的な制御を行うもので，図の PBS の代わりにリミットスイッチなどを用いれば，いろいろな機械・装置に

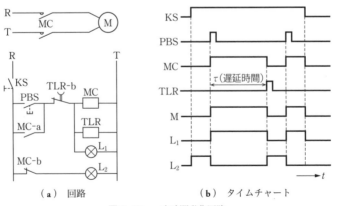

（a） 回路　　　　　　　　（b） タイムチャート

図 6・17　一定時間動作回路

利用できる．以下に，図 6·17 の回路動作に
ついて説明する．

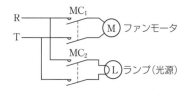

　まず，電源側ナイフスイッチ KS を閉じ
ると，停止表示灯 L_2 が点灯する．次に，ス
イッチ PBS を閉じると，電磁接触器のコイ
ル MC が励磁され，接点 MC-a が閉じて自
己保持となる．これと同時に，主回路の主接
点 MC が閉じ，モータ M が駆動する．この
とき，タイマ TLR に入力信号が与えられ，
また，運転表示灯 L_1 が点灯し，L_2 は消灯す
る．そして，タイマ TLR が設定時間に達す
ると，その接点 TLR-b が開き，自己保持を
解除し，すべてが復帰する．

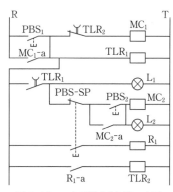

図 6·18 一定時間動作回路の応用

　次に，一定時間動作回路の応用として，プ
ロジェクタ，ファンヒータなどに用いられて
いる制御例を図 6·18 に示す．この回路は，
高輝度のランプの異常発熱を防いだり，ヒータのオーバヒートによる事故などを防
止するため，ファンモータを組み込み，時間制御によって動作させるという回路で
ある．以下に，図 6·18 の回路について説明する．

　図において，スイッチ PBS_1 を閉じると，電磁接触器 MC_1 が働き，主接点 MC_1
が閉じ，ファンモータが回転する．次いで，タイマ TLR_1 が設定時間に達すると，
作動準備表示灯 L_1 が点灯する．その後，スイッチ PBS_2 を閉じると，光源の接点
MC_2 が閉じ，ランプが点灯するとともに光源作動表示灯が点灯する．

　さらに，スイッチ PBS-SP を閉じるとランプ L は消灯するが，ファンモータは
そのまま回転を続ける．そして，タイマ TLR_2 が設定時間に達すると，ファンモー
タは停止する．

　以上のように，この回路では，ファンモータ（冷却用）が回転 → ランプが点灯
→ ランプが消灯 → ファンモータが停止，という動作順序でシーケンス制御を行っ
ている．なお，R_1，TLR_2 はファン停止用回路を構成している．

　（2）繰返し動作回路　交通信号機やネオンサインなどに使用する回路は，明り
を一定時間の間隔で繰り返し点滅させる制御回路で，**繰返し動作回路**といわれるも
のである．図 6·19 に，2 個のランプ L_1，L_2 を交互に点滅させる制御例を示す．

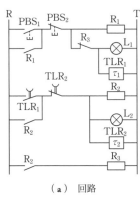 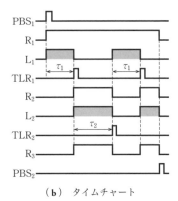

（a）回路　　　　　　　　（b）タイムチャート

図6·19 繰返し動作回路（信号機の例）

図において，スイッチ PBS₁ を閉じると，リレー R₁ が励磁され，接点 R₁ が閉じ，自己保持と同時にランプ L₁ が点灯し，タイマ TLR₁ に入力信号が与えられる．その後，TLR₁ が設定時間 τ_1 になると，接点 TLR₁ が閉じ，リレー R₂ が励磁され，自己保持される．このような状態に達すると，ランプ L₂ が点灯し，タイマ TLR₂ に入力信号が加えられる．同時に，接点 R₂ も閉じるので，リレー R₃ も励磁される．したがって，接点 R₃ が開き，ランプ L₁ は消灯する．

次に，TLR₂ が設定時間 τ_2 に達すると，接点 TLR₂ が開いてランプ L₂ の回路は復帰する．これによってリレー R₃ は消磁され，接点 R₃ が閉じて再びランプ L₁ が点灯し，同時に TLR₁ に入力信号が与えられる．以後は，上述の動作を繰り返すことになる．

3. 電磁弁による空気圧制御・油圧制御

空気圧を使った機械の駆動では，空気圧シリンダによる直線往復運動や，空気圧モータによる回転運動がある．また，油圧を使った駆動においても，油圧シリンダを使った直線往復運動が多い．いずれの場合も，シリンダに空気圧や油圧を送り込んだり，逃がしたりする制御を，電磁弁が受けもっている（図6·20）．

以下に，空気圧シリンダ，油圧シリンダを活用した制御回路について述べる．

図6·20 各種の油圧・空気圧シリンダ

（1） 空気圧制御回路

（a） 空気圧用機器と構成 一般に，空気圧を利用して機械を動かす場合には，空気圧シリンダが使われる．

空気圧シリンダは，図 **6·21**(**a**)のような構造をし，配管口（ポート）Pから空気を送り込み，Aから空気を排出すると，ピストンは実線の矢印の向き（右）へ動き，空気の送込みを逆にすれば，ピストンは点線の矢印（左）の向きに動く．この

とき，ピストンロッドで機械を駆動させることができる．

シリンダへの空気の送込みには，図(**b**)のような**電磁弁**(electromagnetic valve) を用いる．この弁は，電磁力の働きで弁を切り換えるもので，次に述べるような動作を行う．

図(**b**)の図記号において，動作していない状態の電磁弁は，ポートPから流入した空気をAに流出し，ポートBに戻ってきた空気はRへ流出するような状態になっている．次に，ソレノイドに電流を流すと，電磁力によって弁は図に示す左のほうへ切り換わり，ポートPから流入した空気はBへ，また，ポートAに戻ってきた空気はRから流出するようになる．

図 **6·22** は，シリンダの空気圧制御の一例を示したもので，図中の速度制御弁，潤滑器，空気清浄器などは，次のような働きをする．

① **速度制御弁**(speed control valve) シリンダに流入する空気の流量を制御して，シリンダの速度調

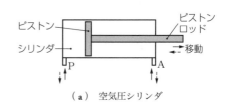

（**a**） 空気圧シリンダ

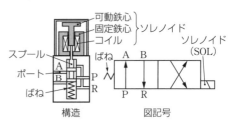

（**b**） 電磁弁（4 ポートシングルソレノイド）[18]

図 6·21 空気圧シリンダと電磁弁

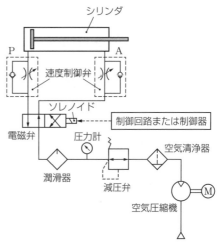

図6·22 シリンダの空気圧制御

整を行う.

② **潤滑器**（lubricator）　潤滑とさび止めを目的とし，潤滑油（タービン油など）を霧状にして圧縮空気とともにシリンダに供給する.

③ **減圧弁**（pressure reducing valve）　高圧の圧縮空気を一定の圧力（約500 kPa）に減圧して，安定した空気圧を送る.

④ **空気清浄器**（air filter）　配管の途中に設けられるもので，圧縮空気中に含まれている粉じんや水分を除いて，清浄な空気を供給する.

⑤ **空気圧縮機**（air compressor）　空気圧シリンダなどアクチュエータを作動させるための圧縮空気をつくる.

図 **6·22** に示したシリンダの空気圧制御回路の動作は，以下のようになる.

図において，電磁弁のソレノイドに入力がない場合，空気圧はシリンダのポートA から入り，ピストンはストロークの端面 P 側へ押しつけられている. このとき，シリンダの左側の空気は大気中に放出されている. 次に，制御回路（または制御器）から電磁弁のソレノイドに電流が入力されると，電磁弁は切り換えられ，空気圧はシリンダのポート P 側へ入る.

したがって，ピストンは右方向へ移動を開始するが，ピストンの右側には背圧を速度制御弁によって与えられているので，その速度が適当に調整されながらスムーズに移動する. また，ソレノイドの入力電流を OFF にすると，再び電磁弁が切り換えられ，スムーズに左方向へ移動する.

空気圧シリンダは，このような動作原理に基づいて多くの機械・装置に応用されている.

（**b**）**空気圧シーケンス制御回路**　ここでは，電磁バルブで，4 ポート 3 位置切換えのダブルソレノイドを用いた場合の制御例を示す（図 **6·23**）. この制御は，シリンダの往復運転シーケンスの回路である. また，図（**b**）に示す LS_1，LS_2 はリミットスイッチ，シリンダは 3 位置両ソレノイド SV_1，SV_2 をもつ電磁弁に接続されている. 以下に，この回路の動作を述べる.

入力である押しボタンスイッチ PBS_1 を閉じると，電磁リレー R_1 によって自己保持が形成され，接点 R_{1-2} も閉じ，ソレノイド SV_1 が動作するので，空気はシリンダの B 側から流入し，ピストンを前進させる. そして，ピストンロッドの前進によってリミットスイッチ LS_1 が働くと，接点が開き，自己保持が解除されて SV_1 の通電が OFF となる. したがって，前進したピストンロッドは LS_1 の位置で停止するようになる.

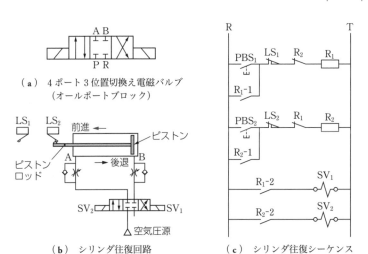

（a）4ポート3位置切換え電磁バルブ
（オールポートブロック）

（b）シリンダ往復回路

（c）シリンダ往復シーケンス
制御回路

図6·23　空気圧シーケンス制御回路

　次に，入力スイッチ PBS₂ を閉じた場合であるが，この場合は，電磁リレー R₂ が自己保持を形成し，ソレノイド SV₂ が動作して，ピストンは後退を始める．そして，リミットスイッチ LS₂ にピストンロッドが達すると，R₂ の自己保持が解除され，SV₂ の通電が OFF となり，ピストンは LS₂ の位置で停止するようになる．

　この回路は，PBS₁ と PBS₂ を同時に閉じた場合，先に入った入力信号を優先して動作を始めるので，優先回路となっている．

　以上の動作を自動的に行う場合には，PBS₁ と PBS₂ をほかのリレー接点に置き換え，LS₁，LS₂ の出力信号を生かしてタイマを組み合わせることが考えられる．

（2）　油圧制御回路　油圧を制御に利用すると，小型の装置でも大きな出力が得られる．振動が少なく，スムーズな動作が可能であり，高比率の無段変速ができるなどの長所がある．しかし，温度変化の影響を受けやすく，高速運転には適さず，油漏れに関する対策を施さなくてはならないなどの短所があることも見逃してはならない．

　図6·24 は，シリンダを駆動させるための基本的な油圧制御回路で，流量制御弁，リリーフ弁などは，次のような働きをする．

①　流量制御弁（flow control valve）　油圧シリンダに流入する油の量を調節して，ピストンの速度調整を行う．

②　電磁式方向切換え弁（solenoid operated valve）　アクチュエータの運動方

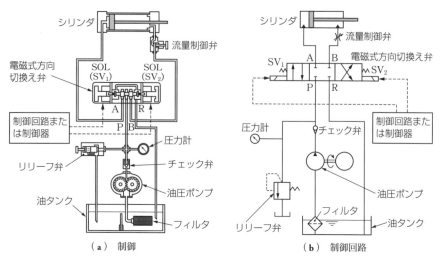

（a） 制御 　　　　　　　　（b） 制御回路

図 6·24 シリンダの油圧制御 [18]

向を変えるため，油の流れの方向を切り換える弁．

　③　**チェック弁**（check valve，逆止め弁：non-return valve とも呼ばれる）　油の流れを一方向だけにして，逆方向の流れを阻止する弁．

　④　**リリーフ弁**（relief valve）　圧力制御弁の1つで，配管内の圧力が高くなると弁が押し上げられ，油を油タンクへ逃がしたりして，一定の圧力を保つ弁で，**安全弁**（safety valve）とも呼ばれている．

　⑤　**油圧ポンプ**（hydraulic pump）　油圧アクチュエータを駆動させるための動力源であって，ベーンポンプ（vane pump）や歯車ポンプ（gear pump）などが使われる．

　図 **6·24** に示した油圧制御回路の動作を以下に述べるが，動作は，空気圧制御回路と同様に考えられる．

　いま，制御回路からの信号で，ソレノイド SV_1 に通電されると，油はポートPからポートAを通り，シリンダの左側へ流入し，ピストンを右方向へ移動させる．このとき，ピストンの右側の油は流量制御弁の調整した流量で流出し，ピストンはその速

図 6·25 工作機械用油圧制御部

度でスムーズに動く．そして，SV_1 の入力を OFF にすると，切換え弁は中央位置になり，ピストンの動きは停止する．

次に，ソレノイド SV_2 に信号を与えて通電すると，油はシリンダの右側へ流入して，ピストンは左方向へ移動するようになる．

図 **6·25** に，工作機械に用いた油圧制御機器の例を示す．

6·3 | プログラマブルコントローラ

機械や装置の自動化のために開発された電子式制御機器が**プログラマブルコントローラ**（programmable controller）で，通称 **PC** と呼ばれる（図 **6·26**）．なかでもシーケンス制御においては，生産工程の変更などのフレキシビリティに富んでいるので，今日の生産工場では大いに活用されている．

PC は，プログラミングコンソール（後述）を使って，シーケンス回路をソフト上で組み立てるものであり，複雑なワイヤード（配線）回路も比較的簡単にプログラミングすることができる．

PC の特長や利用のメリットとしては，次のようなことがいえる．

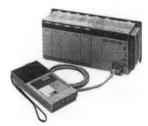

図 6·26 PC の外観

① 設計変更・仕様追加・生産ラインの追加などに対してきわめて柔軟である．

② IC，無接点リレーなどを使用しているため，消費電力も少なく，発熱量も少ない．

③ 小型なので，制御盤や装置などをコンパクトに実装できる．

④ 信頼性も高く，汎用性に富んでいる．

1. PC の構成

PC は，一般に，図 **6·27** に示すような構成になっている．

① **中央処理装置** CPU（central processing unit）ともいい，メモリのデータを解読し，その内容を実行する装置で，最終的には入力・出力インタフェースに命令を指示するものである．

② **メモリ** プログラミングしたシーケンス回路のデータを格納し，データは

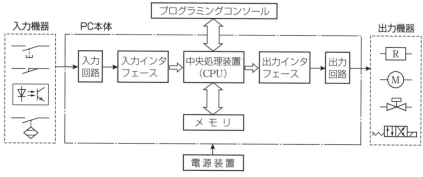

図 6·27 PC の構成

CPU の演算制御によって逐次読み出される．メモリにはユーザズメモリである **RAM**（random access memory）が用意されており，プログラムの内容を簡単に変更することができる．また，プログラムの変更を要しない場合は，外部から **ROM**（read only memory）を装てんでき，PC に通電するだけでシーケンス回路を働かせることもできる．

③ **入力‐出力（I/O）インタフェース** 入力回路・出力回路と CPU 用の信号の電圧や電流レベルを変換するもの．

④ **入力回路・出力回路** 入力回路は，スイッチ，リミットスイッチ，光センサ，近接スイッチなどの各種入力機器（センサ）と接続する部分で，出力回路は，電磁リレー，モータ，電磁弁，ソレノイドなどの各種出力機器（アクチュエータ）と接続する部分である．

入力回路では，外部から飛び込むノイズをできるだけ遮断させるため，フォトカプラが組み込まれている．出力回路には，外部に接続するアクチュエータの種類や電力消費量などの違いによって小型リレー接点，トランジスタ出力，トライアック出力などがある．

⑤ **プログラミングコンソール**（programming console） プログラムの入力装置であり，シーケンス回路をいくつかの命令語によってプログラミングすることができる．また，プログラムの保守・点検ができる．

⑥ **電源装置** AC 100 V または 200 V 入力，DC 24 V の定電圧出力のものが標準である．

図 **6·28** は，PC の内部リレー（プログラム上で表現したリレー）と，入力回路・出力回路の関係を示したものである．図において，入力回路は，外部のスイッチや

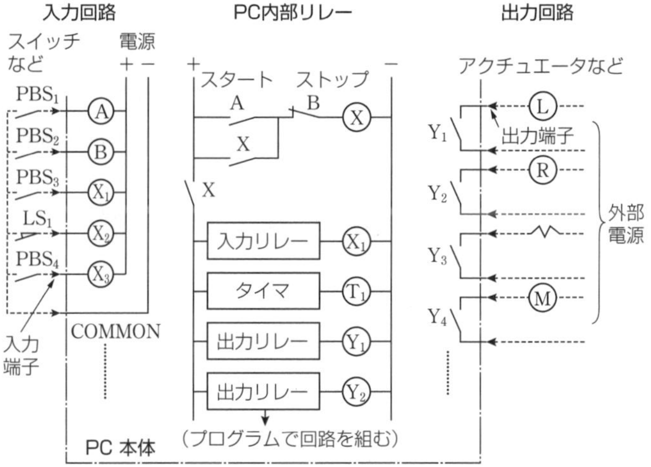

図6·28 入出力とPC内部リレーの関係

センサから信号を受け，PCの内部リレー接点を駆動させる．次いで，PC内部リレーはプログラムを実行し，出力回路の出力リレー（トランジスタやトライアックなどもある）を動作させる．したがって，出力リレーの接点は外部のアクチュエータに接続されているので，各接点に対応するランプ，リレー，ソレノイド，モータなどを駆動させることができる．

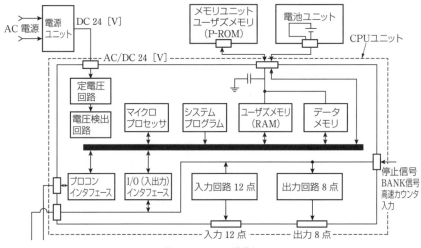

図6·29 PCの構成例

なお，PC 内部の入力リレーは，入力端子と COMMON 端子が接続されたとき動作するリレーであり，出力リレーは a 接点が外部端子に接続されているリレーである．また，タイマは限時動作形で，遅延時間の設定はプログラム上で指定することができる．これらのほか，PC の内部には，補助リレー，特殊補助リレー（クロックなどの発生できるリレー），キープリレー，カウンタ，高速カウンタ，可逆カウンタなどがある．図 **6·29** に，実際に行われている PC の構成例を示す．

2. PC のプログラム

PC を使って機械や装置を制御するには，PC のプログラミングコンソールでプログラムを作成しなければならない．それには，PC の命令語によってプログラミングする．初期の命令は，AND，OR，NOT，タイマ，OUT などであったが，今日の PC では，カウンタ，ジャンプ，インタロックなどが追加されるようになった．

（**1**） **命令語** プログラムを作成する方法には，シーケンスを時間軸で表し，そ

表 **6·3** PC の命令語（リレーシンボル法）と機能

命令	シンボル	機能
ロード	[LD]	論理スタートを示す．
ロードノット	[LD][NOT]	論理否定スタートを示す．
アンド	[AND]	論理積条件で接続されていることを示す．
アンドノット	[AND][NOT]	論理積否定条件で接続されていることを示す．
オア	[OR]	論理和条件で接続されていることを示す．
オアノット	[OR][NOT]	論理和否定条件で接続されていることを示す．
アンドロード	[AND][LD]	前の条件と論理積する．
オアロード	[OR][LD]	前の条件と論理和する．
出力	[OUT]	論理演算処理の結果を出力リレー，内部補助リレー，キープリレー，シフトレジスタのビットに出力する．
タイマ	[TIM]	オンディレータイマの動作を示す．
カウンタ	[CNT]	減算カウンタの動作を示す．
キープリレー	[KR]	キープリレーの動作を示す．
高速カウンタ	[HDM]	高速加算カウンタの動作を示す．
可逆カウンタ	[RDM]	可逆カウンタの動作を示す．
インタロック	[IL]	本命令直前の結果により，IL〜ILEND 命令間のコイルがリセットされたり，されなかったりする．
インタロックエンド	[IL][END]	IL 命令を解除する．
エンド	[END]	プログラムの終了を示す．

れをもとにプログラムを組むタイムチャート法，シーケンスを流れ図で表したフローチャート法などがあるが，今日もっとも多く用いられているのは**リレーシンボル法**である．

この方法は，リレーシーケンスと同じように，リレー，タイマ，カウンタなど，実際のシーケンス回路図がそのまま利用できるものである．これを**ラダー回路図**と呼んでいる．

表 **6·3** は，リレーシンボル法による基本的な命令語と機能を示したものである．

（2）　プログラム

（a）　プログラムの作成　一般に，リレーシーケンス回路は，図 **6·30**（**a**）に示すように，入出力機器がシーケンス回路に含まれて描かれ，入出力機器の信号やリレー番号は任意に決められるが，PC を使用する回路図においては，入出力機器を接続する入力端子と出力端子を決めなければならない．

たとえば，図（**a**）に示す回路図は，自己保持によってブザーを動作させる回路で，ここでは，入力機器として 2 個の押しボタンスイッチ，出力機器としてブザーがあり，これをリレーで制御していると考えてよい．

いま，リレーを，PC の内部補助リレーを用いてラダー回路図に描き換えてみると，図（**b**）のようになる．以下に，作業の手順を示す．

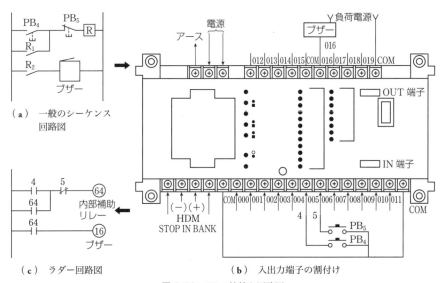

（**a**）　一般のシーケンス
　　回路図

（**c**）　ラダー回路図

（**b**）　入出力端子の割付け

図 6·30　PC の接続と回路図

① 入力機器 PB$_4$, PB$_5$ を PC の入力（IN）端子番号（004, 005）に割り付ける.

② 出力機器ブザーを出力（OUT）端子番号（016）に割り付ける.

③ 割付けが終了したら，ラダー回路図を描く〔図（c）参照〕.

④ ラダー回路図にしたがってプログラムを作成する．プログラムはコーディング表に，アドレス・命令・データの順に書き表す（表6・4参照）.

表6・4 コーディング表

アドレス	命令	データ
0	LD	4
1	OR	64
2	AND・NOT	5
3	OUT	64
4	LD	64
5	OUT	16
6	END	—

（b） **命令語** ここでは，命令語を主にしたプログラムの基本について述べる．ただし，リレーに関する割付け番号は表6・5による.

① **LD/OUT/LD・NOT/OR/OR・NOT 命令** 図6・31（a）は LD（ロード）/OUT（アウト）命令で，論理のスタートは必ず LD 命令を使用し，リレーコイルは OUT 命令を使用する．したがって，入力0番のリレー接点が動作したら出力20番のリレーが駆動する.

表6・5 リレーの割付け

リレー	割付け	リレー	割付け
入力リレー	0～11（12点）（PC本体内蔵用）	キープリレー	KR 0～7（8点）
出力リレー	12～19（8点）（PC本体内蔵用）	タイマ	TIM 0～7（8点）
入出力リレー	20～63（44点）（増設I/Oユニット用）	カウンタ	CNT 0～7（8点）
補助リレー	64～103（40点）	高速カウンタ	HDM（1点）
特殊補助リレー	105(0.02 s), 106(0.1 s), 107(1 s), 108(1 min)	可逆カウンタ	RDM（1点）

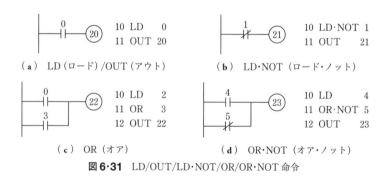

図6・31 LD/OUT/LD・NOT/OR/OR・NOT 命令

　図（**b**）は，LD・NOT（ロード・ノット）命令で，論理のスタートがb接点の場合はLD・NOT命令を使用する．

　図（**c**）はOR（オア）命令で，並列の接点にはOR命令を使用する．したがって，入力2番または3番のリレー接点が動作したとき出力22番のリレーが駆動する．

　図（**d**）はOR・NOT（オア・ノット）命令で，並列の接点がb接点のときはOR・NOT命令を使用する．

　② **AND/AND・NOT/AND・LD/OR・LD命令**　図6·32（**a**）はAND（アンド）命令で，直列の接点はAND命令を使用する．したがって，入力0番のリレー接点および1番のリレー接点が動作したら出力20番のリレーが駆動する．

　図（**b**）はAND・NOT（アンド・ノット）命令で，直列の接点がb接点の場合，AND・NOT命令を使用する．

　図（**c**）はAND・LD（アンド・ロード）命令で，2回目のLD命令は，前のブロックにANDする次のブロックの最初の命令に使用する．また，ブロックとブロックを直列にまとめるときにAND・LDを使用する．

　図（**d**）はOR・LD（オア・ロード）命令で，2回目のLD命令は，前のブロックにORする次のブロックの最初の命令に使用する．また，OR・LDはブロックとブロックを並列にまとめるときに使用する．

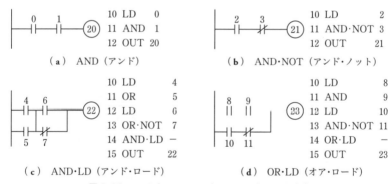

（**a**）　AND（アンド）

（**b**）　AND・NOT（アンド・ノット）

（**c**）　AND・LD（アンド・ロード）

（**d**）　OR・LD（オア・ロード）

図6·32　AND/AND・NOT/AND・LD/OR・LD命令

　③ **TIM命令**　図6·33はTIM命令である．これは，リレー回路と同じように使用でき，図（**b**）に示すアドレス12の"TIM 0　150"は，0番のタイマを15秒に設定する意味をもつ．したがって，0番のタイマが動作すると，15秒後に50番のリレーへa接点の出力が，51番のリレーへb接点の出力が供給される．

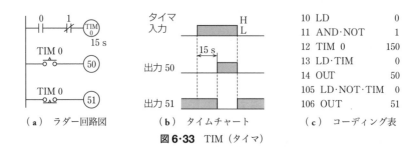

（a）ラダー回路図 （b）タイムチャート （c）コーディング表

図 6·33 TIM（タイマ）

④ **CNT 命令** 図 6·34 は CNT（カウンタ）命令で，この命令ではカウンタ入力回路（CP），リセット回路（R），カウンタ（CNT）の順にプログラムしなければならない．また，アドレス 13 の "CNT 1　100" の 1 は，使用するカウンタの番号で，100 はカウント値 100 回を設定している．

⑤ **RDM 命令** 図 6·35 は RDM（可逆カウンタ）命令である．RDM はリレー

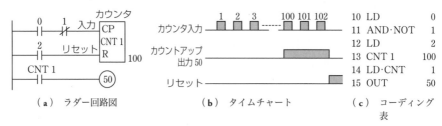

（a）ラダー回路図 （b）タイムチャート （c）コーディング表

図 6·34 CNT（カウンタ）

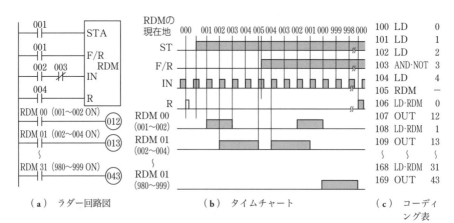

（a）ラダー回路図 （b）タイムチャート （c）コーディング表

図 6·35 RDM（可逆カウンタ）

番号は不要で，スタート信号，加算減算信号，入力信号，リセット信号，可逆カウンタの順にプログラムしなければならない．なお，RDM の出力は 0 ～ 31 まで 32 種類ある．

⑥ **IL/IL·END/END 命令**

図 **6·36** は IL（インタロック）/IL·END（インタロック・エンド）/END（エンド）命令であ

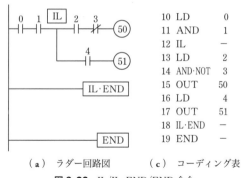

10 LD 0	
11 AND 1	
12 IL －	
13 LD 2	
14 AND·NOT 3	
15 OUT 50	
16 LD 4	
17 OUT 51	
18 IL·END －	
19 END －	

（a） ラダー回路図 　　（c） コーディング表

図 6·36 IL/IL·END/END 命令

る．IL 命令は回路が複数の出力に分岐する場合に使用し，IL·END 命令は，IL 命令が終了したときに使用する．また，END 命令は，すべてのプログラムにおいて最後に必ず書き，プログラム終了を宣言するものである．

3. PC による制御

PC の構成では入力機器や出力機器の接続方法を，PC のログラムでは命令語の理解とプログラミングの方法について学習した．したがって，ここでは，PC を活用した基本的な制御例について学ぶことにする．

（1） 製品選別の制御 図 **6·37** は，ベルトコンベヤで流れる製品の選別装置の概要で，製品を形状によって選別するものである．すなわち，基準寸法より大きい製品はコンベヤ B へ流し，基準寸法以内の製品はコンベヤ A で運搬され，コンベヤ B に流れる製品が一定量に達したらランプを点灯させ，作業者に知らせるという生産ラインである．

いま，この選別装置において

① 光スイッチ PHS$_1$，PHS$_2$ によって製品の高さを検出し，基準寸法より高い形状の製品を判断したときにシリンダ電磁弁 SV を駆動させる．

② カウンタの設定値を仮に 100 とし，基準寸法より大きい製

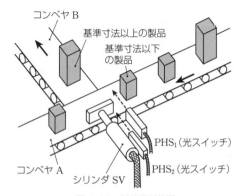

コンベヤ B

基準寸法以上の製品

基準寸法以下の製品

PHS$_1$（光スイッチ）

コンベヤ A

シリンダ SV

PHS$_2$（光スイッチ）

図 6·37 製品選別装置

品が 100 個に達したら，CNT 出力によってラン
プを点灯させる．

③ リセット用のスイッチ PBS を閉じれば，
カウンタがリセットされ，ランプも消灯する．

というような動作をさせる．そのためには，入
出力機器の割付けを表 **6·6** のようにすればよく，
ラダー回路図とそのプログラムは図 **6·38** のよう
になる．

表6·6 入出力機器の割付け

入出力機器	割付け番号
光電スイッチ PHS$_1$	0
光電スイッチ PHS$_2$	1
スイッチ PBS	2
シリンダ電磁弁 SV	50
ランプ L	51

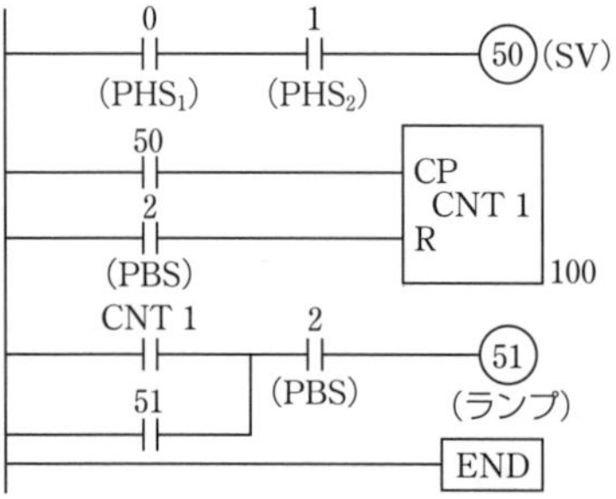

アドレス	命令語	データ	アドレス	命令語	データ
10	LD	0	16	LD·CNT	1
11	AND	1	17	OR	51
12	OUT	50	18	AND·NOT	2
13	LD	50	19	OUT	51
14	LD	2	20	END	―
15	CNT 1	100			

（**a**） ラダー回路図　　　　（**b**） コーディング表

図6·38 製品選別のラダー回路図とプログラム

（2） ステッピングモータの駆動　図 **6·39** は，PC を利用してステッピングモー
タを駆動させる例である．

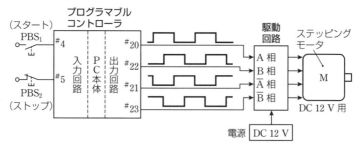

図6·39 ステッピングモータの駆動

この例において

① 入力機器である押しボタンスイッチ PBS$_1$ をスタートとし，入力回路 4 番に
割り付ける．

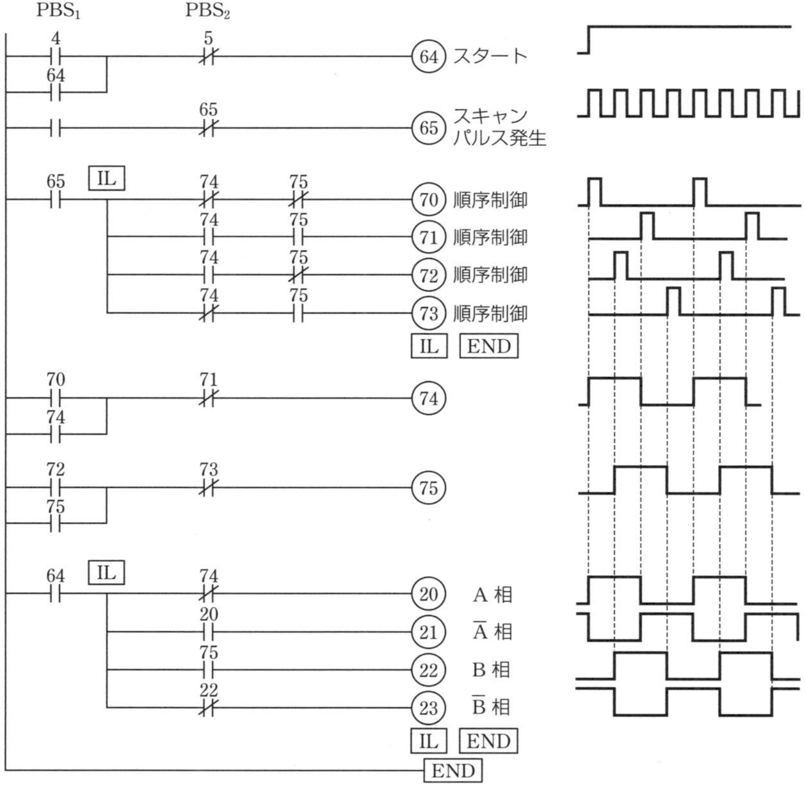

アドレス	命令語	データ	アドレス	命令語	データ
100	LD	4	121	IL·END	—
101	OR	64	122	LD	70
102	AND·NOT	5	123	OR	74
103	OUT	64	124	AND·NOT	71
104	LD	64	125	OUT	74
105	AND·NOT	65	126	LD	72
106	OUT	65	127	OR	75
107	LD	65	128	AND·NOT	73
108	IL	—	129	OUT	75
109	LD·NOT	74	130	LD	64
110	AND·NOT	75	131	IL	—
111	OUT	70	132	LD·NOT	72
112	LD	74	133	OUT	20
113	AND	75	134	LD	20
114	OUT	71	135	OUT	21
115	LD	74	136	LD	75
116	AND·NOT	75	137	OUT	22
117	OUT	72	138	LD·NOT	22
118	LD·NOT	72	139	OUT	23
119	AND	75	140	IL·END	—
120	OUT	73	141	END	—

(a) ラダー回路図　　(b) タイムチャート　　(c) コーディング表

図6·40　ステッピングモータを駆動させるためのラダー回路図とプログラム

② PBS$_2$ をストップスイッチとして，入力回路 5 番に割り付ける．

③ PBS$_1$ を押すと，PC は内部補助リレーを使って，ステッピングモータの駆動回路に送る 2 相励磁のパルスをつくる．

④ パルスの出力は，出力回路の 20 〜 23 番に割り付ける．

以上のラダー回路図とプログラムは，図 **6・40** のようになる．

なお，図において，リレー 64 番はスタート信号を発生させる自己保持回路で，リレー 70 〜 75 番は，順序パルスを発生するための回路である．

このように，プログラマブルコントローラ（PC）は，ワイヤードシーケンス回路をソフト上で組むことができ，とくに生産工程に関してフレキシビリティに対応できる．また，ユーザがプログラムを開発し，利用できることから，機密保持の点からも有効である．

6章 | 演習問題

6·1 次の（ ）に適する言葉を **a**〜**j** から選び，記号を記入せよ.

あらかじめ定められた（ ），または論理にしたがって制御の各（ ）を逐次進めていく制御を（ ）制御という．これは，次の（ ）で行うべき（ ）が定められ，前（ ）における（ ）を完了した後，次の（ ）に移行する制御である．

    a. 制御結果   **b.** 段階   **c.** 制御動作   **d.** 現象

    e. 順序   **f.** フィードバック   **g.** 数値調節

    h. シーケンス   **i.** 動作   **j.** 回路

6·2 次の制御で，シーケンス制御がおもに応用されているものを ○ で囲め.

    電気こたつ   ルームエアコン   全自動洗濯機   自動販売機

    交通信号   NC フライス盤   エンジン制御装置   エレベータ

    自動搬送車

6·3 図 **6·41** は，シーケンス制御の構成を示したものである．図中の ①〜⑥
〔（ ）および ☐〕に適する言葉を **a**〜**j** から選び，その記号を入れよ.

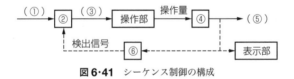

図 6·41 シーケンス制御の構成

    a. 比較部   **b.** 作業命令   **c.** 検出部   **d.** 制御命令

    e. 調節部   **f.** 制御偏差   **g.** 命令処理部   **h.** 制御量

    i. 制御対象   **j.** フィードバック量

6·4 ①〜⑤ はシーケンス制御の要素名である．これに関係あるものを右の **a**〜**j** から 2 つ選び，（ ）の中にその記号を入れよ.

    ① 命令処理部（ ）   ② 操作部（ ）   ③ 検出部（ ）

    ④ 制御対象（ ）   ⑤ 表示部（ ）

    a. 操作用パネル   **b.** 光電スイッチ   **c.** CPU   **d.** ロボット

    e. リミットスイッチ   **f.** 電磁バルブ   **g.** 機械・装置   **h.** 警報

    i. シリンダ   **j.** 論理回路

6·5 次の項目は，モータを駆動させるための要素（部品）である．それぞれ何という制御用機器と呼ばれているか．関係するものを線で結べ．

① 押しボタンスイッチ●   ●**a.** MCB ●   ●**I** 操作用機器

② 電磁接触器補助接点●   ●**b.** MC₁ ●   ●**II** 表示用機器

③ 電磁接触器駆動接点●   ●**c.** MC₂ ●   ●**III** 制御用機器

④ 電流計   ●**d.** A ●   ●**IV** 駆動用機器

⑤ 回路遮断器   ●**e.** PBS₁ ●   ●**V** 保護用機器

6·6 各制御用機器に関係ある機器名**A〜E**と説明**a〜e**を選び，（ ）にその記号を入れよ．

	機器名	説 明
① 制御用機器	（ ）	（ ）
② 駆動用機器	（ ）	（ ）
③ 検出・保護用機器	（ ）	（ ）
④ 表示用機器	（ ）	（ ）
⑤ 操作用機器	（ ）	（ ）

機器名 **A.** 近接スイッチ   **B.** フリッカリレー   **C.** タイマ

      D. SSR   **E.** スナップスイッチ

説明   **a.** ゼロクロス機能をもつ．

      b. 命令信号を与える．

      c. 制御対象の状態を検出する．

      d. CR回路の充放電特性を利用する．

      e. 異常が生じた場合を知らせる．

6·7 SSRを用いてランプを制御したい．□内に示した部品を用いて下の回路図を完成させよ．

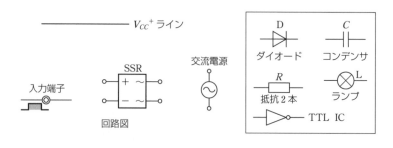

6·8 次の文の（ ）内の適切な言葉を選び，文を完成せよ．

シーケンス図を描く場合，電源は（ON・OFF）の状態で，操作スイッチなどは手を（触れた・触れない）状態にし，制御すべき機器は（停止・運転）している状態で描く．また，リレー接点は（復帰・動作）している状態にする．さらに，リレーコイルは，電源に対してスイッチやリレー接点の（前・後）に接続するようにしなければならない．

6·9 図 **6·42** に示す回路のタイムチャートを完成させよ．また，これは何と呼ばれる回路か答えよ．

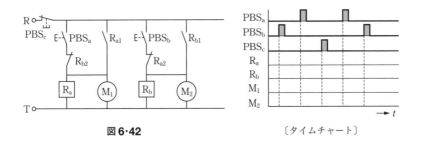

図 **6·42**　　　　　　　　　　　〔タイムチャート〕

6·10 次の（ ）に適する言葉を **a**〜**h** から選び，その記号を記入せよ．

複数のシステム間において，1つのシステムが（ ）している間は，ほかのシステムは（ ）があっても動作しないようにすることを（ ）という．

a. 自己保持　　**b.** 繰返し動作　　**c.** インタロック　　**d.** 入力

e. 出力　　**f.** 動作　　**g.** 停止　　**h.** 遅延動作

6·11 図 **6·43** に示すタイムチャートより，回路図を完成させよ．

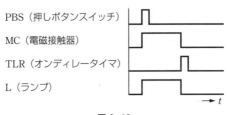

図 **6·43**

6·12 図 6·44 は 4 ポート 3 位置切換え電磁弁
（オールポートブロック）の図記号である．次
の各問いに答えよ．

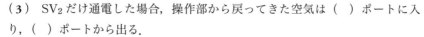

図 6·44

（**1**）SV₁，SV₂ とも通電しない場合，空気の
流れはどうなるか．

（**2**）SV₁ だけ通電した場合，空気は（　）
ポートから入り，（　）ポートから出て，操作部へ流れる．

（**3**）SV₂ だけ通電した場合，操作部から戻ってきた空気は（　）ポートに入
り，（　）ポートから出る．

6·13 図記号の名称と働きについて，それぞれ **A 〜 E**，**a 〜 e** から選び，（　）の
中に記号を入れよ．

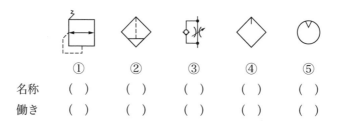

	①	②	③	④	⑤
名称	（　）	（　）	（　）	（　）	（　）
働き	（　）	（　）	（　）	（　）	（　）

名称　**A.** 速度制御弁　　**B.** 潤滑器　　**C.** 減圧弁

　　　D. コンプレッサ　　**E.** 空気清浄器

働き　**a.** 一定の圧力にして安定した空気圧を供給する．

　　　b. 圧縮空気を働きつくる．　　**c.** 空気の流量を制御する．

　　　d. 粉じんや水分を取り除く．　　**e.** さび止めの働きをする．

6·14 次の文は油圧機器の働きを説明したものである．関係あるものを **a 〜 e** か
ら選んで（　）内にその記号を入れよ．

① 油の流れを一方向だけにして，逆方向の流れを阻止する．（　）

② 配管内の圧力を一定に保つ．（　）

③ アクチュエータに供給する油量を調節して，速度調整を行う．（　）

④ 油の流れる方向を切り換える働きをする．（　）

⑤ 油圧アクチュエータを駆動させるための動力源である．（　）

　　　a. flow control valve　　**b.** solenoid operated valve

　　　c. check valve　　**d.** relief valve　　**e.** vane pump

6·15 PC がシーケンス制御に広く利用されるようになった理由をあげよ.

6·16 PC 本体の構成要素を 5 つあげよ.

6·17 図 6·45 および図 6·46 に示すラダー回路図をプログラミングせよ.

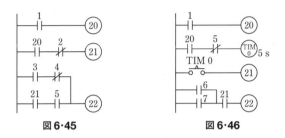

図 6·45　　　　　図 6·46

6·18 次のプログラムのラダー回路図をつくれ.

10	LD	4
11	OR	64
12	AND•NOT	5
13	OUT	64
14	LD	64
15	OUT	16
16	LD	0
17	AND•NOT	16
18	TIM 0	200
19	LD•TIM	0
20	OUT	50
21	END	—

7

フィードバック制御

　工業の多くの分野に応用されているフィードバック制御を理解するため，その構成・分類・制御動作・伝達関数などの基本事項を学習する．また，ステップ応答，周波数応答など制御系における応答やブロック線図の表し方などを通して，制御技術の理論を理解しよう．

7·1 フィードバック制御の基本

1. フィードバック制御の構成

　制御対象や制御装置などの系統的な組合わせを**制御系**（control system）といい，これには**開ループ制御系**（open loop control system）と**閉ループ制御系**（closed loop control system）とがある．

　前節のシーケンス制御が開ループ制御系であって，閉ループ制御系とは，制御しようとしている量を検出し，その検出値とあらかじめ設定した目標値とを比較し，その差（偏差）をゼロにするような制御系をいい，これを**フィードバック制御系**（feedback control system）という．フィードバック制御系の構成要素と信号の流れを図7·1に示す．

　図において，構成要素の役割は次のとおりである．

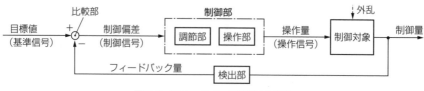

図7·1 フィードバック制御系の構成

① **比較部**（comparator）　目標値とフィードバック量とを比較し，制御偏差を取り出す．

② **制御部**（controller）　制御偏差を制御対象に合わせた物理量に変換・増幅し，制御対象に操作を与える．

③ **検出部**（detecting element）　制御量を検出し，目標値と同種類の量に変換する．

④ **制御対象**（controlled object）　制御の対象となるもので，機械，プロセス，システムなどの全体あるいは一部．

⑤ **外乱**（disturbance）　制御系の状態を変えようとする外的作用．

以上の①～⑤の項目を，ルームエアコンで部屋を冷房している場合について考えてみると，目標値が部屋の設定温度，制御偏差が制御電圧，操作量がエアコンのON-OFF動作，制御量が室温，そして外乱が部屋の扉の開閉にあたる．

一般に，フィードバック制御は，時々刻々制御した結果を検出し，それと目標値との間に差があれば，自動的に訂正動作を行うことが目的である．例として，図 **7·2** に示す直流発電機の制御について考えてみよう．

同図は，他励磁直流発電機の出力電圧制御回路を表したものである．目標値を v_s [V]，増幅器の増幅度を A，界磁電圧を v_f [V] としたときの出力発生電圧 v_g [V] を求めてみよう．

ただし，界磁巻き線の抵抗を R_f [Ω]，インダクタンスを L_f [H] とする．また，界磁束 ϕ [Wb] は，界磁電流 i_f [A] に比例（比例定数：K_ϕ [Wb/A]）し，発生電圧は界磁束に比例（比例定数：k_g [V/Wb]）するものとする．

まず，図において，2回路用スイッチがb側にある場合について考えてみる．

電圧 v_s は，増幅器によって A 倍に増幅されるので，界磁電圧 v_f は，次式で表せる．

$$v_f = A \cdot v_s \tag{7·1}$$

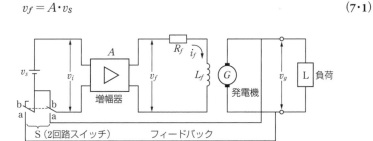

図 7·2　他励磁直流発電機の出力電圧制御回路

界磁電流 i_f は

$$i_f = \frac{1}{R_f + j\omega L_f} v_f$$

ここで，$k = 1/(R_f + j\omega L_f)$ とおけば

$$i_f = kv_f \tag{7·2}$$

また，題意より，界磁束 ϕ と発生電圧 v_g は次式で示される．

$$\phi = k_\phi i_f \tag{7·3}$$

$$v_g = k_g \phi \tag{7·4}$$

式(7·2)〜式(7·4)より，出力発生電圧 v_g は

$$v_g = kk_\phi k_g v_f$$

ここで，$G = kk_\phi k_g$ おけば

$$v_g = Gv_f \tag{7·5}$$

したがって，式(7·1)を式(7·5)に代入すれば，結局，出力発生電圧は次式で表せる．

$$v_g = AGv_s \tag{7·6}$$

すなわち，出力発生電圧は目標値を AG 倍したものとなる．

次に，スイッチをa側に切り換え，フィードバック回路を形成した場合について調べると，図7·3のブロック線図（後述4項参照）が得られる．

このブロック線図において，制御偏差を v_i とすれば，v_i は次式で表される．

$$v_i = v_s - v_g \tag{7·7}$$

また，界磁電圧 v_f は

$$v_f = A \cdot v_i = A(v_s - v_g) \tag{7·8}$$

式(7·8)を式(7·5)に代入して出力発生電圧 v_g を求めると，次のようになる．

$$v_g = AG(v_s - v_g)$$

$$\therefore \quad v_g = \frac{AG}{1 + AG} v_s \tag{7·9}$$

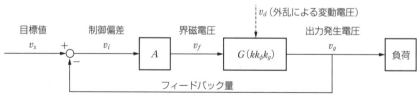

図7·3 フィードバック回路のブロック線図

式(7·9)より，$AG \gg 1$ なら，$v_g \fallingdotseq v_s$ となる．

したがって，フィードバック制御においては，発電機の出力発生電圧 v_g [V] は，目標値 v_s [V] にほぼ等しくなることがわかる．

次に，発電機を回転させる原動機や，負荷の変動がある場合について考えてみる．これらの変動は外乱であるから，外乱による変動電圧を v_d とすれば，出力発生電圧 v_g は次式で表される．

$$v_g = Gv_f + v_d \tag{7·10}$$

式(7·8)を式(7·10)に代入して出力発生電圧 v_g を求めると，次のようになる．

$$v_g = \frac{AG}{1+AG}v_s + \frac{1}{1+AG}v_d \tag{7·11}$$

式(7·10)では，出力発生電圧 v_g が，外乱による変動電圧 v_d の影響をまともに受け，v_g は v_d によって変動する（これを制御系の状態が乱されるという）．しかし，図7·3のように，フィードバック回路を形成することで，式(7·11)より，外乱による変動電圧 v_d は $1/(1+AG)$ になり，出力発生電圧 v_g は外乱による影響をほとんど受けないことがわかる．

以上のように，フィードバック制御は，出力を目標値にほぼ等しく保つことができるとともに，外乱による出力の変動もほとんど影響を受けないという特長をもっている．

2.　フィードバック制御の分類

フィードバック制御は，産業界，とくに生産分野に広く用いられており，大別すると次のように分類できる．なお，表7·1～表7·3は，各分類による制御の意味と応用分野についてまとめたものである．

①　目標値（入力）の性質によるフィードバック制御．
②　制御量（出力）の種類によるフィードバック制御．
③　制御用機器（制御装置）によるフィードバック制御．

3.　制御動作

フィードバック制御系における調節部・操作部（制御部）では，制御信号を増幅し，さらに制御量がすみやかに目標値に一致するような操作量を加える．これを**制御動作**（control action）といい，ON-OFF動作やP動作（比例動作），I動作（積分動作），D動作（微分動作）を基本に，これらの動作の組合わせからなっている．

表7・1 目標値の性質による分類

制御名	目標値の分類	応用分野
定値制御 (fixed command control)	目標値が時間的に変化することなく常に一定で，制御量を一定に保つ制御．	定電圧電源，原動機の調速，室温の制御，プロセスの制御．
追値制御 (variable-valve control)	目標値が変化するとき，それに制御量が追従するような制御で，次のものがある．	
① 追従制御 (follow-up control)	目標値がまったく任意に変化し，制御量がこれにしたがうような制御．	船舶や航空機の自動操縦，追尾レーダ，ペンレコーダ（記録計）などのサーボ機構．
② 比率制御 (ratio control)	複数の変量の間に，ある比率を保たせる制御．	炉に燃料と空気を送り込むための流量制御などのプロセス制御．
③ プログラム制御 (program control)	目標値があらかじめ決められた変化をする制御．	金属の熱処理，炉の温度制御，ならい旋盤などの制御．
ON-OFF制御 (on-off control)	目標値が上限と下限を設定し，検出器は制御量の上限・下限のみを判断する制御．	アイロン・電気こたつの温度制御，水位の制御．

表7・2 制御量の種類による分類

制御名	制御量の分類	応用分野
プロセス制御* (process control)	制御量が温度，湿度，液位，圧力，供給量，pH，流量などで原料を処理し，目的とする物質を製造するプロセスの制御．	化学，石油，鉄鋼，製紙，ガス工業などの生産工場のプラントで用いられている．
サーボ機構 (servo mechanism)	物体の位置，方位，姿勢などを制御量として，目標値の任意の変化に追従する制御．	工作機械，産業用ロボット装置，自動操縦，各種装置の遠隔操作，計器の指示や遠方伝達などに応用されている．
自動調整 (automatic regulation)	電気的または機械的な量を制御量とするフィードバック制御．	原動機，モータの速度調整，電圧電流の自動調整，電力系統の負荷や周波数の自動制御．

〔注〕 *プロセス制御は，その制御量の種類によって次のように分類できる．
① プロセス環境の制御：圧力・温度・湿度・pHなど．
② 物質・エネルギー量の制御：流量・液量など．
③ プロセス諸条件の制御：密度・色・pHなど．

表7・3 制御用機器による分類

制御名	制御機器の分類	応用分野
アナログ制御 (analog control)	制御対象がアナログ量で，制御器もアナログ装置を用いた制御．	プロセス関係の制御，交流電源の制御．
デジタル制御 (digital control)	制御器や検出器にデジタル装置を用いた制御，コンピュータによる制御．	工作機械におけるCNC装置，ロボット，ファクトリーオートメーション（FA）など製造工場の自動化．
アドバンスト制御 (advanced control)	アナログ制御機器とデジタル制御機器を組み合わせるなどの複合制御．	工作機械の精密な位置決め制御，フィードフォワード制御（feedforward control）．

〔注〕 アナログ制御，デジタル制御とも，比例・積分・微分要素の特性を利用して，きめ細かい制御を行うことを，それぞれ，アナログPID制御，デジタルPID制御と呼ぶ．

（**1**）　**ON-OFF 動作**　制御量が目標値からずれると，制御部が 2 つの定まった値（2 位置）のどちらかを取り，操作部を ON または OFF にする動作を **ON-OFF 動作**（on-off control action）という．

電気炉の温度制御や，タンク内の水位を保つための流量制御など，あまり精度と安定度を要求されないプロセスに用いられる．

また，ON-OFF 動作を実際に使用するとき，図 7·4（**a**）に示すような動作すきま（**ヒステリシス**）のあるものを用いると，ON と OFF の切換え頻度を少なくできる．

なお，ON-OFF 動作でプロセス制御した場合，図（**b**）のように偏差に応じて操作量を階段状に変化させるため，制御量はサイクリングを起こす．

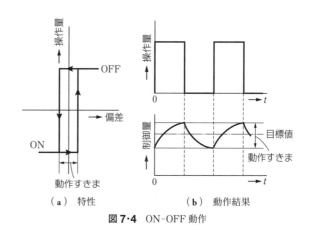

（**a**）　特性　　　　（**b**）　動作結果

図 7·4　ON-OFF 動作

（**2**）　**P 動作**　偏差に比例した操作量を得る動作を **P 動作**（proportional action）という．この動作では，目標値から制御量を引いた値を動作信号（偏差と絶対値が等しく，符号が反対）z で表すと，操作量 y との関係は次式で表される．

$$y = K_{PZ} \tag{7·12}$$

ここで，定数 K_P を比例感度（proportional gain）という．

図 7·5（**a**）は，動作信号 z をステップ入力とした場合の操作量 y の応答を示したもので，図（**b**）は，偏差と操作量の関係を示したものである．図（**b**）からわかるように，比例感度 K_P の値が大きくなると，操作量を 100% 変化させるのに必要な偏差の幅は狭くなる．

また，P 動作による制御では，図（**c**）に示すように，制御量を完全に目標値に一致させることができず，目標値とずれたところに落ち着く．これを**定常偏差**（offset）という．

（**3**）　**I 動作**　動作信号の時間的な積分値に比例した操作量を得る動作を **I 動作**（integral action）という．この動作では，動作信号を z，操作量を y とすると，次

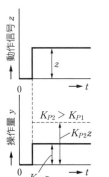

(a) ステップ応答

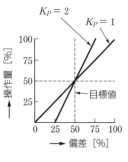

(b) 偏差と操作量の関係

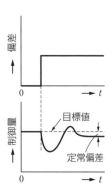

(c) P動作による制御

図7·5 P動作

式のような関係がある.

$$y = K \int z \, dt \tag{7·13}$$

I動作は,油圧制御装置などに単独に使われる場合もあるが,大部分はP動作を加えた **PI動作**(proportional and integral action)で用いられる.PI動作では,次の関係がある.

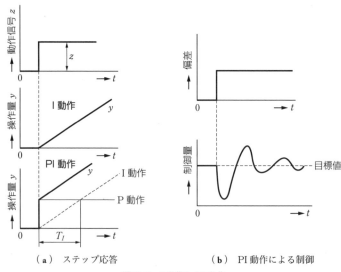

(a) ステップ応答

(b) PI動作による制御

図7·6 I動作とPI動作

$$y = K_p\left(z + \frac{1}{T_1}\int zdt\right) \tag{7·14}$$

ここで、T_1 を**積分時間**（integral time）という。これは、式(7·14)の第一項と第二項とが等しくなるまでの時間をいい、I動作の強さを表す。したがって、T_1 が小さいほど操作量の変化の速さが大きくなる。

図**7·6**(**a**)は、動作信号 z をステップ入力としたときのI動作とPI動作の操作量 y の応答を示したもので、定常偏差は、図(**c**)に示すように、PI動作によってなくなるが、制御量は周期的に変化するため、安定するまでに時間がかかる。

（**4**） **D動作**　動作信号の時間的な微分値に比例する操作量を得るような動作を **D動作**（derivative action）という。この動作では、動作信号 z と操作量 y は、次の関係がある。

$$y = K\frac{dz}{dt} \tag{7·15}$$

D動作による実際の制御では、D動作を単独では使用せず、PD動作（proportional and derivative action）やPID動作（proportional integral and derivative action）として使われる。この場合、動作信号を z、操作量を y とすれば、z と y は次の関係になる。

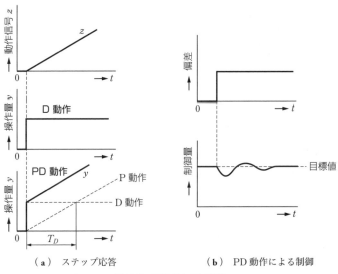

（**a**）　ステップ応答　　　　　（**b**）　PD動作による制御

図7·7　D動作とPD動作

$$\text{PD 動作：} y = K_P\left(z + T_D\frac{dz}{dt}\right) \tag{7·16}$$

$$\text{PID 動作：} y = K_P\left(z + \frac{1}{T_I}\int z dt + T_D\frac{dz}{dt}\right) \tag{7·17}$$

ここで，T_D を**微分時間**（derivative time）という．これは，式 (**7·16**) の第一項と第二項が等しくなるまでの時間をいい，T_D が大きいほど操作量の変化の速さが大きくなる．図**7·7**(**a**) に，D 動作と PD 動作の操作量 y の応答を示す．

なお，PD 動作は，偏差の変化速度に比例した修正信号を出すため，制御結果はP 動作より応答が速くなる．また，PID 動作は，定常偏差やプロセスの時間遅れが問題になる場合に用いられ，適応性のよい制御が行える．

以上のように，システムを制御する場合の応答に求められることは

① 制御量が速く目標値に一致すること．
② 修正動作の行き過ぎがあってもすぐ元に戻り，安定した制御が行えること．
③ 定常偏差が小さいこと．

などである．そのためには，制御対象の特性に適した制御動作を考えることが大切である．たとえば，プロセス制御においては，流量制御には I 動作や PI 動作，液位制御には P 動作，温度制御には ON-OFF 動作や P 動作，複雑な温度制御にはPID 動作などが採用される．

4. 伝達関数とブロック線図

制御系を構成する要素は，信号を伝達するので，**伝達要素**（transfer element）と呼ばれる．また，伝達要素の中で，信号がどのように変換されるのかを表現する場合，要素への入力信号に対する出力信号の比で表される．これを，その要素の**伝達関数**（transfer function）という．すなわち，この伝達関数によって，その要素の信号伝達特性を量的に表すことができる．

ブロック線図（block diagram）とは，制御系の構成要素の伝達関数をブロック□（四角）で囲み，信号の流れを表す線 ⟶ を用いて，ブロック間を連絡したものである．

図**7·8**に，基本的なブロック線図の表し方を示す．なお，ブロック線図の表記法には，**引出し点**（pick off point）と**加え合わせ点**（summing point）とがある．引出し点は，

図7·8 ブロック線図

信号の分岐を意味する点であり，● 印で表される．また，加え合わせ点は，2つ以上の信号の和や差を意味する点で，○印で表す．

（1） 比例要素の伝達関数 図7·9（**a**）のような抵抗回路において，入力電圧 v_i を加えたとき，抵抗 R_2 の出力電圧を v_o とすれば，v_o は次の式で表される．

$$v_o = \frac{R_2}{R_1 + R_2} v_i \qquad (7\cdot18)$$

したがって，入力電圧と出力電圧の比は次の式で表される．

$$G = \frac{v_o}{v_i} = \frac{R_2}{R_1 + R_2} \qquad (7\cdot19)$$

ここで，G を伝達関数といい，抵抗だけで定まる定数で表され，この場合の G を**比例ゲイン**（proportional gain）といい，このような伝達関数をもつ要素を**比例要素**（proportional element）という．

なお，式(7·19)をブロック線図で表すと，図7·9(**b**)のようになる．

（2） 一次遅れ要素の伝達関数 抵抗とコンデンサを接続した図7·10(**a**)のような RC 回路について考えてみよう．

入力電圧を v_i，出力電圧を v_o，流れる電流を i とすれば，出力電圧は次のような式で表される．

$$v_o = v_i - R_i \qquad (7\cdot20)$$

$$v_o = \frac{1}{C} \int i\,dt \qquad (7\cdot21)$$

ここで，抵抗 R，コンデンサ C の値は定数であるが，v_i, i, v_o は時間とともに変化する関数である．そこで，時間の関数 $v_i(t)$, $i(t)$, $v_i(t)$ を演算子 s という変数の関数 $V_i(s)$, $I(s)$, $V_o(s)$ に置き換えてみよう．

たとえば微分値 d/dt を変換して s とおくと，$di(t)/dt = sI(s)$ で表すことができる．ここで $sI(s)$ は，$di(t)/dt$ のラプラス変換（Laplace

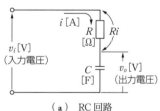

図右側上部：

$R_1[\Omega]$　i [A]　R_2 [Ω]

v_i[V]（入力電圧）　v_o[V]（出力電圧）

（**a**） 抵抗の回路

$$v_i \to \boxed{\frac{R_2}{R_1 + R_2}} \to v_o$$

$$G = \frac{R_2}{R_1 + R_2}$$

（**b**） ブロック線図（上）と伝達関数

図7·9 比例要素の伝達関数の例

i [A]　R [Ω]　Ri

v_i[V]（入力電圧）　C [F]　v_o[V]（出力電圧）

（**a**） RC 回路

$$V_i(s) \to \boxed{\frac{1}{1 + sT}} \to V_o(s)$$

$$G(s) = \frac{1}{1 + sT}$$

（**b**） ブロック線図（上）と伝達関数

図7·10 一次遅れ要素の伝達関数

transformation）[*]という．また，積分値 $\int dt$ を変換して $1/s$ とおくと，$\int idt = (1/$

$s)I(s)$ となり，$(1/s)I(s)$ が $\int idt$ のラプラス変換となる．

したがって，式(**7·20**)と式(**7·21**)をラプラス変換すると，次式のようになる．

$$V_o(s) = V_i(s) - RI(s) \tag{7·22}$$

$$V_o(s) = \frac{1}{sC}I(s) \tag{7·23}$$

この両式から $I(s)$ を消去すると，$V_i(s)$ は

$$V_i(s) = V_o(s) + sCRV_o(s) \tag{7·24}$$

となる．そして，伝達関数を求めるために，$V_o(s)$ と $V_i(s)$ の比をとると，次のようになる．

$$G(s) = \frac{V_o(s)}{V_i(s)} = \frac{1}{1+sCR} = \frac{1}{1+sT} \quad (T=CR) \tag{7·25}$$

なお，$G(s) = 1/(1+sT)$ のように，分母が s の一次式になるような伝達要素を**一次遅れ要素**（first order lag element），このときの伝達数を**一次遅れ伝達関数**といい，T を**時定数**（time constant）という〔後述の式(**7·35**)参照〕．

式(**7·25**)をブロック線図で表すと，図 **7·10**（**b**）のようになる．

（**3**）**二次遅れ要素の伝達関数** 図 **7·11**（**a**）のような RLC 回路の伝達関数は，次のように求めることができる．

いま，入力電圧を v_i，出力電圧を v_o，流れる電流を i とすれば，次式が成り立つ．

$$v_o = v_i - \left(Ri + L\frac{di}{dt}\right)$$

$$v_o = \frac{1}{C}\int idt \tag{7·26}$$

式(**7·26**)をラプラス変換すると，式(**7·27**)，式(**7·28**)が得られる．

---

* **ラプラス変換** $f(t)$ が少なくとも $t>0$ で定義された関数において，ラプラスの積分

$$F(s) = \int_0^\infty e^{-st}f(t)dt$$

が収束するような s のある値 s_0（一般に複素数）が存在するとき，この積分は $R(s) \leqq R(s_0)$（R は実数部分をとる）となるすべての s に対して収束する．

この場合，$F(s)$ を $f(t)$ のラプラス変換といい，この対応を $F(s) = \mathcal{L}[f(t)]$ と書く．また，$f(t)$ を原関数，$F(s)$ を像関数という．

$$V_o(s) = V_i(s) - [RI(s) + sLI(s)] \tag{7·27}$$

$$V_o(s) = \frac{1}{sC}I(s) \tag{7·28}$$

したがって，式(7·27)，式(7·28)より $I(s)$ を消去して，$V_o(s)$ と $V_i(s)$ の関係を導くと，次のようになる．

$$V_o(s)(1+sCR+s^2CL) = V_i(s)$$

よって，伝達関数は

$$G(s) = \frac{V_o(s)}{V_i(s)} = \frac{1}{1+sCR+s^2CL} \tag{7·29}$$

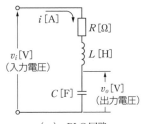

（**a**）RLC回路

$$\boxed{\dfrac{1}{1+sCR+s^2CL}}$$

$V_i(s)$ ———→ ———→ $V_o(s)$

$$G(s) = \frac{1}{1+sCR+s^2CL}$$

（**b**）ブロック線図（上）と伝達関数

図7·11 二次遅れ要素の伝達関数

となり，分母が s の二次式で表されるので，RLC回路は二次遅れ要素といえる．

なお，図7·11（**a**）のブロック線図を示すと，図（**b**）のようになる．

（**4**）**ブロック線図の等価変換**　ブロック線図は伝達関数を図示したものであるから，伝達関数と同様に変換でき，複雑なブロック線図が簡単化できる．ここでは，基本的な結合（増幅器を含むような能動素子に適応）の法則について述べる．

図7·12における伝達関数 G は，次のようにして求められる．

① 図（**a**）の直列結合の変換の場合

$$y = G_1 x \cdot G_2 = G_1 G_2 x \qquad \therefore\ G = \frac{y}{x} = G_1 G_2$$

② 図（**b**）の並列結合の変換の場合

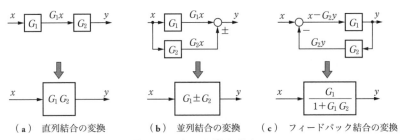

（**a**）直列結合の変換　　（**b**）並列結合の変換　　（**c**）フィードバック結合の変換

図7·12 ブロック線図の結合

$$y = G_1 x \pm G_2 x = (G_1 \pm G_2) x \qquad \therefore \quad G = \frac{y}{x} = G_1 \pm G_2$$

③　図(c)のフィードバック結合の変換の場合

$$y = G_1(x - G_2 y) \qquad \therefore \quad G = \frac{y}{x} = \frac{G_1}{1 + G_1 G_2}$$

伝達要素と引出し点の交換，および伝達要素と加え合わせ点の交換については，図7·13に示すようになる.

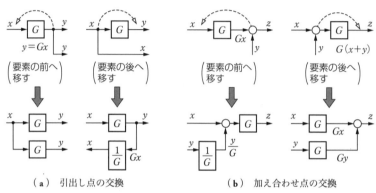

図7·13　引出し点・加え合わせ点の交換

7·2 │ 制御系における応答

　制御系は，各種の要素から構成されるシステムである．システム全体の制御状態を知るためには，ある要素に入力信号を与えたとき，入力信号に対して出力信号がどのような時間的変化をするかを判定することが必要である．この方法には**ステップ応答**（step response）や**周波数応答**（frequency response）がある.

1.　ステップ応答
　図7·14(a)のRC回路において，入力電圧 v_i の電圧変化を与えたとき，出力電圧 v_o はどのような変化をするかを調べてみる.
　①　時刻 $t = 0$ で，スイッチ s が閉じた瞬間の状態では，コンデンサ C に蓄積される電荷はなく，出力電圧 v_o は 0 である．このとき，入力電圧 v_i は $v_i = v_R + v_o$

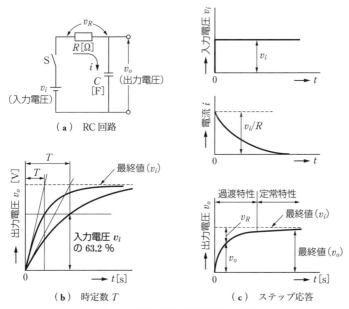

図**7·14** RC回路における各要素の応答

$\fallingdotseq v_R$ で，電流 i は $i = v_R/R \fallingdotseq v_i/R$ である．

② 時間の経過にともない，コンデンサ C に電荷が蓄積され，v_o が増すと v_R は減少していく．

③ v_R の減少で電流 i も減少し，C の電荷の蓄積も緩やかになり，v_o も緩やかに増加する．

④ 充分な時間が経過すると，v_o は v_i に近づき，i も 0 に近づく．

以上の変化の様子を図に示すと，図 **7·14**(**c**) のようになる．また，この場合の出力電圧 v_o を求めると，次のようになる．

図 **7·14**(**a**) の RC 回路では，$i = C(dv_o/dt)$，$v_i = Ri + v_o$ が成り立つ．したがって，両式より

$$v_i = CR\frac{dv_o}{dt} + v_o \tag{7·30}$$

上式を変形し，両辺を積分すると，次式のようになる．

$$\int \frac{dv_o}{v_i - v_o} = \frac{1}{CR}\int dt$$

ゆえに

$$-\log_e(v_i - v_0) = \frac{1}{CR}(t+K) \quad (e：自然対数の底，K：積分定数)$$

$$v_i - v_0 = e^{-\frac{t+K}{CR}} = e^{-\frac{t}{CR}} \cdot e^{-\frac{K}{CR}} \tag{7·31}$$

ここで，$t=0$ のとき $v_0=0$ であるから

$$v_i = e^{-\frac{K}{CR}} \tag{7·32}$$

これを式(7·31)に代入すると

$$v_i - v_0 = e^{-\frac{t}{CR}} \cdot v_i$$
$$\therefore \ v_0 = v_i\left(1 - e^{-\frac{t}{CR}}\right) \tag{7·33}$$

となり，出力電圧 v_0 は

$$v_0 = v_i\left(1 - e^{-\frac{t}{T}}\right) \quad (ただし，T=CR) \tag{7·34}$$

となる．したがって，式(7·33)で示される出力電圧 v_0 は，時間の経過とともに指数関数曲線を描く．

なお，このような要素の性質は，図7·14(b)に示すように，出力電圧 v_0 の立ち上がりの点の接線が，0から最終値を示す直線との交点までの時間 T で表される．この T を**時定数**といい，次式で表される．

$$T\,[\text{s}] = C\,[\text{F}] \cdot R\,[\Omega] \tag{7·35}$$

上式における時定数 T は，RC回路（一次遅れ要素）の動特性を表し，T が大きいほど応答が遅くなる．

ここで，式(7·34)において，$t=T$ とすると

$$v_0 = v_i(1 - e^{-1}) = v_i(1 - 0.368) \fallingdotseq 0.632\,v_i$$

となる．

したがって，時定数 T は，出力電圧の値が最終値（入力電圧）の63.2%に達するまでの時間と考えてよい．

このように，要素の応答速度を調べる場合には，ステップ応答が用いられる．

2. 周波数応答

(1) 周波数伝達関数とベクトル軌跡 入力信号に正弦波形を用いて，その周波数を変化させたとき，出力信号がどの程度まで追従できるかを調べる方法が**周波数**

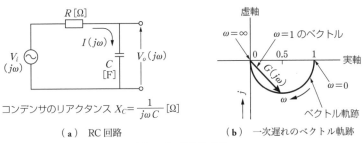

コンデンサのリアクタンス $X_C = \dfrac{1}{j\omega C}$ [Ω]

（a）　RC 回路　　　**（b）　一次遅れのベクトル軌跡**

図 7·15　周波数応答

応答である．具体的には，入力信号と出力信号の振幅比および位相差の変化を，周波数に対して求めるものである．

たとえば，図 7·15（a）に示すように，入力に角周波数 ω（angular frequency：$\omega = 2\pi f$ [rad/s]）の正弦波交流電圧 $V_i(j\omega)$ を加えると，流れる電流を $I(j\omega)$，出力電圧を $V_o(j\omega)$ とすれば，次の式が成り立つ．

$$V_o(j\omega) = V_i(j\omega) - RI(j\omega) \tag{7·36}$$

$$V_o(j\omega) = \frac{1}{j\omega C} I(j\omega) \tag{7·37}$$

式（7·36），式（7·37）より $I(j\omega)$ を消去して，$V_o(j\omega)$ と $V_i(j\omega)$ の比 $G(j\omega)$ を求めると，次式が得られる

$$G(j\omega) = \frac{V_o(j\omega)}{V_i(j\omega)} = \frac{1}{1+j\omega CR} = \frac{1}{1+j\omega T} \qquad (T = CR) \tag{7·38}$$

この $G(j\omega)$ を**周波数伝達関数**（frequency transfer function）といい，周波数特性を表す伝達関数であって，線形系では伝達関数 $G(s)$ の s を $j\omega$（$j = \sqrt{-1}$）に置き換えたものである．

周波数伝達関数 $G(j\omega)$ は，角周波数（ω）の変化に対して振幅と位相が変化するので，ベクトルで表現すると便利である．すなわち，ベクトル $G(j\omega)$ を複素平面上に表し，周波数ごとにその先端の軌跡を表示するようにする．これを**ベクトル軌跡**（vector locus）という．なお，図 7·15（b）は，一次遅れ要素のベクトル軌跡を示したものである．

（2）　ボード線図　制御系の応答を図示する方法には，ベクトル軌跡のほかに**ボード線図**（Bode diagram）がある．これは，横軸の角周波数 ω [rad/s] に対して縦軸に $G(j\omega)$ の振幅の対数値 $20\log_{10}|G(j\omega)|$ [dB] をとった**ゲイン特性曲線**（gain characteristics curve）と，位相角を度目盛りで表した**位相特性曲線**（phase characteristics curve）で表したものである．

ここで，ゲインをgとおけば

$$g = 20 \log_{10} |G(j\omega)| \quad [\text{dB}] \tag{7·39}$$

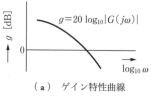

（**a**） ゲイン特性曲線

このゲインgを，横軸に$\log_{10}\omega$をとって図示すると，図**7·16**（**a**）の曲線が得られる．これがゲイン特性曲線である．

次に，位相$\theta = \angle G(j\omega)$とおき，同様に図示すると，図（**b**）のような曲線が得られる．これが位相特性曲線である．

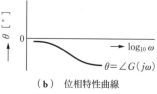

（**b**） 位相特性曲線

図7·16 ボード線図

① **微分要素**（$j\omega$）**のボード線図** 微分要素においては，周波数伝達関数$G(j\omega) = j\omega$より，次のようになる．

ゲイン $g = 20 \log_{10} |j\omega| = 20 \log_{10} \omega \quad [\text{dB}]$ (7·40)

位相角 $\theta = \angle j\omega = 90°$ (7·41)

したがって，この両式よりボード線図は図**7·17**（**a**）のようになる．また，gは，図に示すように，ωが10倍変化するごとに20 dBずつ変化する直線で，これを"20 dB/decadeの傾斜"という．

② **積分要素**（$1/j\omega$）**のボード線図** 積分要素においては，周波数伝達関数$G(j\omega) = 1/j\omega$より次のようになる．

ゲイン $g = 20 \log_{10} \left| \dfrac{1}{j\omega} \right| = -20 \log_{10} \omega \quad [\text{dB}]$ (7·42)

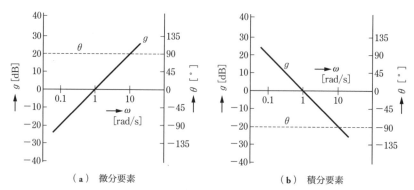

（**a**） 微分要素 　　　　（**b**） 積分要素

図7·17 微分・積分要素のボード線図

$$位相角\theta = \angle\frac{1}{j\omega} = -90° \tag{7·43}$$

したがって，この両式よりボード線図は図**7·17**（**b**）のようになる．g は -20 dB/decade の傾斜となる．また，このボード線図は，微分要素のそれと横軸に対して対称となる．

③ **一次遅れ要素**〔$1/(1+j\omega T)$〕**のボード線図**　一次遅れ要素の周波数伝達関数 $G(j\omega)=1/(1+j\omega T)$ より，これを実数部と虚数部に展開すると，次のようになる．

$$G(j\omega)=\frac{1}{1+j\omega T}=\frac{1}{1+(\omega T)^2}-j\frac{\omega T}{1+(\omega T)^2} \tag{7·44}$$

したがって，ゲイン g と位相角 θ は次のように表される．

$$ゲイン\, g = 20\log_{10}\frac{1}{\sqrt{1+(\omega T)^2}}=-20\log_{10}\sqrt{1+(\omega T)^2}\ \ [\mathrm{dB}] \tag{7·45}$$

$$位相角\theta = \angle 1/(1+j\omega T)=\tan^{-1}\frac{\{\omega T/[1+(\omega T)^2]\}}{1/[1+(\omega T)^2]}$$
$$=-\tan^{-1}\omega T\ \ [°] \tag{7·46}$$

ゲイン特性において，$\omega T\ll 1$ の場合では

$$g=-20\log_{10}\sqrt{1}=0 \tag{7·47}$$

となり，$\omega T\gg 1$ の場合では

$$g \fallingdotseq -20\log_{10}\sqrt{(\omega T)^2}=-20\log_{10}\omega T$$
$$=-20\log_{10}\omega+20\log_{10}\frac{1}{T} \tag{7·48}$$

となる．これは，-20 dB/decade の傾斜直線になる．

また，横軸との交点の角周波数を ω_c とおけば，ω_c は，式(**7·48**)の g を 0 として，次のように求められる．

$$0=-20\log_{10}\omega_c+20\log_{10}\frac{1}{T}$$

$$\therefore\ \ \omega_c=\frac{1}{T} \tag{7·49}$$

この ω_c を**折れ点角周波数**（corner angular frequency）といい，ゲイン特性曲線は，式(**7·47**)と式(**7·48**)から，図**7·18**のようになる．すなわち，ゲイン特性は，

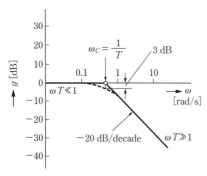

図7·18 一次遅れ要素のゲイン特性曲線

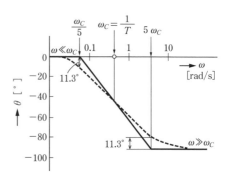

図7·19 一次遅れ要素の位相特性曲線

$\omega T \ll 1$ の直線と，$\omega T \gg 1$ の傾斜直線の2本で近似できる．

ここで，式(**7·45**)に $\omega = 1/T$ を代入して，ω_c の点の g を求めると，$g \fallingdotseq -3$ dB となり，実際には，同図の破線の特性となる．

次に，位相特性曲線であるが，この曲線は，式(**7·46**)から，ω_c の点の $\theta = -45°$，$\omega \ll \omega_c$ の場合の $\theta = 0°$，$\omega \gg \omega_c$ で $-90°$ に漸近する．したがって，近似的には，図**7·19**のように，$\omega_c/5$ 以下で $0°$，$5\,\omega_c$ 以上で $-90°$ とし，ω_c で $-45°$ を通る3本の直線で位相特性を図示できる．実際には，$\omega_c/5$ と $5\,\omega_c$ の点の位相角のずれは $11.3°$ で，破線のようになる．

〔**例題**〕　$G(j\omega) = 1/(1 + 5j\omega)$ のボード線図を描け．

〔**解**〕　例題の式より，時間 $T = 5$ s，ゲイン特性の折れ点角周波数 $\omega_c = 1/T = 0.2$ rad/s，位相特性の $\omega_c/5$ および $5\omega_c$ は，$\omega_c/5 = 0.2/5 = 0.04$ rad/s，$5\omega_c = 5 \times 0.2 = 1$ rad/s となる．

したがって，ボード線図は，図**7·20**のようになる．

なお，ボード線図を計算で求めて描く場合は，次のようにする．

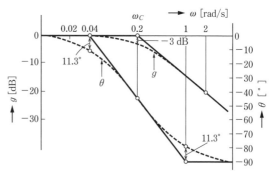

図7·20　$G(j\omega) = 1/(1 + 5j\omega)$ のボード線図

$$g = 20\log_{10}|G(j\omega)| = 20\log_{10}\left(\frac{1}{\sqrt{1+(5\omega)^2}}\right)$$

$$= -10 \log_{10}[1 + (5\omega)^2] \quad [\text{dB}]$$

$$\theta = -\tan^{-1}5\omega \quad [^\circ]$$

この両式に ω の値を入れた下表の計算結果から特性図を作成する.

ω [rad/s]	0.05	0.1	0.2	0.5	…
g [dB]	-0.26	-0.97	-3.01	-8.60	…
θ [°]	-14.0	-26.6	-45.0	-68.2	…

3. 安定判別と補償

（1） **安定判別**　制御系の望ましい応答は，目標値の変化量に制御量が一致するように動作することである．また，系を乱すような外乱が入った場合は，制御量が元の目標値に戻るよう動作することである.

すなわち，制御系の応答は**乱調**（hunting：制御量が発散するような振動を生じ，不安定になってしまう状態）が生じているかどうかを判別することが必要となる．これを制御系の**安定判別**と呼んでいる.

たとえば，図7·21(a)に示す①の曲線は，目標値がステップ状に急変した場合，制御量がはじめは振動しても，時間の経過とともに目標値に近づく応答になっており，②の曲線は，制御量の振動が時間とともに増大し，大きく目標値からはずれていく応答となっている.

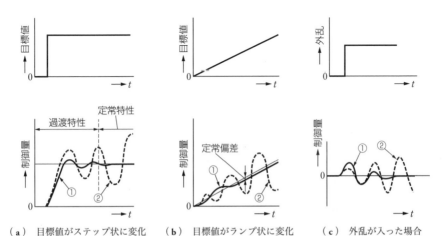

（a）目標値がステップ状に変化　　（b）目標値がランプ状に変化　　（c）外乱が入った場合

図7·21　系の応答〔①収束（安定），②発散（不安定）〕

前者を安定（stable）な系，後者を不安定（unstable）な系といい，これによって安定判別を行う．なお，図(b)は，目標値入力が一定速度で増加するようなランプ信号（lamp signal）の場合で，図(c)は，系にステップ状の外乱が入った場合の応答を示したものである．

安定判別を行う方法には，**ナイキスト線図**（Nyquist diagram）による方法とボード線図による方法とがあるが，ここでは，ボード線図による判別を説明する．

この方法は，ボード線図のゲイン特性の 0 dB の線と，位相特性の −180° の線を重ねて行うもので，図**7·22** に示すように，位相（θ）曲線が −180° になる角周波数で，ゲイン（g）曲線が下にあれば安定であり，逆に，上にあれば不安定となる．

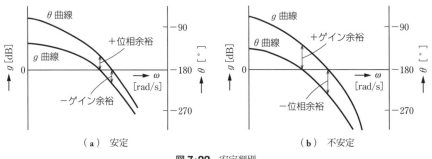

図7·22 安定判別

なお，θ が −180° のとき，g が 0 dB に対してどれだけ余裕があるかを示す値を**ゲイン余裕**（gain margin）といい，サーボ機構では 12 〜 20 dB，プロセス制御では 3 〜 9 dB くらいに取られることが多い．また，g が 0 dB のとき θ が −180° に対してどれだけ余裕があるかを示す値を**位相余裕**（phase margin）といい，サーボ機構では 40 〜 60°，プロセス制御では 16 〜 80° くらいである．

この方式による判別では，ゲイン余裕が負側，位相余裕が正側（−180° に対して）にあれば安定となり，一般に，制御系では，両余裕が小さいと不安定に近くなり，大きすぎると応答が遅くなる．

（**2**）**補償** フィードバック制御系においては，不安定な系を安定にしたり，応答速度を速めたりすることが必要である．このような特性の改善を図ることを**特性補償**といい，補償回路（compensating network）を挿入することが一般に行われる．

補償回路には，図**7·23**(a)に示すように，前向き経路に直列に挿入する**直列補償回路**と，図(b)のように，フィードバック回路に挿入する**フィードバック補償回**

路とがある．また，補償回路における
信号が直流であるか，交流の変調波で
あるかによって分けられるが，ふつ
う，直流の信号が用いられる．

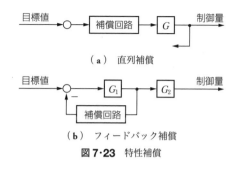

（ a ） 直列補償

（ b ） フィードバック補償

図 7·23 特性補償

なお，直列補償回路には，位相遅
れ回路（phase-lag network），位相
進み回路（phase-lead network），位
相進み - 遅れ回路（phase lead-lag
network）などがある．

① **位相遅れ補償** 直列補償に位相遅れ回路を挿入し，速応性を悪化することな
く低周波のゲインを高め，定常特性（定常偏差）を改善するものである．

位相遅れ回路の例を図 7·24(a)に示す．また，図(b)に示すボード線図は，次
のようにして求めた数値から描いたものである．

位相遅れ回路の入力電圧を $V_i (j\omega)$，出力電圧を $V_o (j\omega)$ とすると，伝達関数
$G(j\omega)$ は次式で表される．

$$G(j\omega) = \frac{1+j\omega CR_2}{1+j\omega C(R_1+R_2)} = \frac{1+j\omega T}{1+j\omega kT} \tag{7·50}$$

〔ただし，$T=CR_2$, $k=(R_1+R_2)/R_2$〕

いま，図(a)に示したように，R_1
$=900$ kΩ，$R_2=100$ kΩ，$C=1\ \mu$F と
すると，$T=1\times10^{-6}\times100\times10^3=$
0.1 s，$k=10$ となるので，図(b)のよ
うなボード線図を描くことができる．

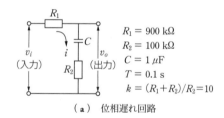

$R_1 = 900$ kΩ
$R_2 = 100$ kΩ
$C = 1\ \mu$F
$T = 0.1$ s
$k = (R_1+R_2)/R_2 = 10$

（ a ） 位相遅れ回路

したがって，ボード線図より，この
回路は g の特性で，$\omega<[1/(kT)]$ の
低い周波数の信号は減衰なく伝達する
が，$\omega>(1/T)$ の高い周波数の信号
は約 $1/k$ に減衰し，θ の特性で，$[1/
(kT)]<\omega<(1/T)$ の周波数では，位
相が負となって遅れていることがわか
る．このため，**位相遅れ回路**といって

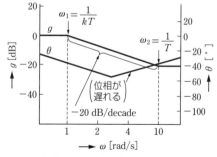

（ b ） 位相遅れ回路のボード線図

図 7·24 位相遅れ補償

いる．なお，k は，ふつう，$10 \sim 20$ くらいの値が使われる．

② **位相進み補償**　直列補償に位相進み回路を挿入し，速応性や定常特性を改善するものである．位相進み回路の例を図 **7·25(a)** に示す．また，この回路の伝達関数 $G(j\omega)$ は次のようである．

$$G(j\omega) = \frac{1+j\omega CR_1}{1+j\omega C\dfrac{R_1 R_2}{R_1 + R_2}} = \frac{1}{k} \cdot \frac{1+j\omega T}{1+j\omega \dfrac{T}{k}} \tag{7·51}$$

〔ただし，$T = CR_1$，$k = (R_1 + R_2)/R_2$〕

いま，図(a)に示したように，$R_1 = 1\,\text{M}\Omega$，$R_2 = 110\,\text{k}\Omega$，$C = 0.01\,\mu\text{F}$ とすると，$T = 0.01 \times 10^{-6} \times 10^6 = 0.01\,\text{s}$，$k = 10.1$ となり，図(b)のようなボード線図が描ける．

この回路は，図において，g の特性では，$\omega > (k/T)$ の高い周波数の信号は減衰なく伝達するが，$\omega < (1/T)$ の低い周波数の信号は約 $1/k$ に減衰する．また，θ の特性をみると，中間の周波数で位相が正となっている．したがって，**位相進み回路**といわれる．なお，k は，ふつう，$10 \sim 20$ くらいの値が使われる．

③ **フィードバック補償**　これは，系や要素の特性を改善するために，局部的にフィードバックをかけて行う補償で，応答を速くするときなどに用いられる．

図 **7·26** に示すように，伝達関数 $G(j\omega) = k/(1+j\omega T)$ があるとき，これに直結フィードバック（unity feedback：フィードバック要素の伝達関数が 1 のフィードバックのこと）を施すと，この系全体の伝達関数 $G_0(j\omega)$ は次式のようになる．

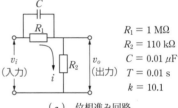

（**a**）位相進み回路

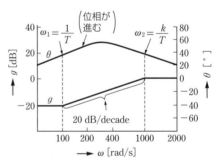

（**b**）位相進み回路のボード線図

図 7·25 位相進み補償

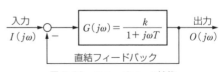

直結フィードバック

図 7·26 フィードバック補償

$$G(j\omega) = \frac{O(j\omega)}{I(j\omega)} = \frac{k}{1+k}\left(\frac{1}{1+j\omega\frac{T}{1+k}}\right) \tag{7·52}$$

このように，フィードバックをかけることにより，時定数が $1/(1+k)$ に減少することがわかる．

この補償は，**タコメータ**（tachometer generator：速度計用発電機）を用いて出力の角速度を検出し，これをフィードバックしてサーボ機構の補償などに応用されている．

4. 数値制御の位置決め機構

数値制御の機構は，図 **7·27** に示すように，一般に，数値入力装置，D/A 変換器，サーボ増幅器，サーボモータ，A/D 変換器などから構成されている．

この位置決め機構は，次のような数値制御によって行われる．

図に示すテーブルの位置は，ポテンショメータによって出力電圧 v_0 を生じさせると，A/D 変換器でフィードバック量 x_0 が変化するので，これを目標値 x_i と比較して位置が決められる．

たとえば，x_i が x_0 より大きいときは，$x_i - x_0$ の値は正となり，D/A 変換およびサーボアンプを経て，サーボモータを回転させ，テーブルを移動させる．そして，$x_i = x_0$ となったとき，サーボモータは停止し，位置が決まる．

次に，図 **7·27** のシステムをブロック線図で表すが，この場合には，各要素の伝達関数を求める必要がある．

D/A 変換器は，パルス数に応じた入力電圧 v_a を出力し，また，サーボアンプは，v_a に比例した大きさの電圧 v_b を出力する．したがって，これらの伝達関数を G_1

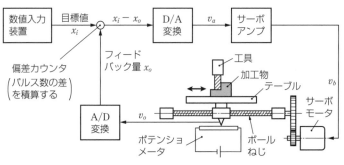

図 7·27　位置決め機構

$(j\omega) = K_1$, $G_2(j\omega) = K_2$ とする．また，サーボモータに直流モータを考えるとき，入力電圧を v_b, 出力を回転速度 N とすれば，このモータの伝達関数は，式(7·53)のように，一次遅れの要素をもつ特性を表しているのが一般的である．

$$G_3(j\omega) = \frac{N}{v_b} = \frac{K_m}{1 + j\omega T_M} \tag{7·53}$$

（ただし，K_m：定数，T_M：モータの機械的時定数）

そして，機械的機構の歯車，ボールねじ，テーブルについて考えると，サーボモータは回転速度 N で回転し，減速されて，ボールねじを回す．これによってテーブルは移動するが，その位置は，ボールねじに取りつけられたポテンショメータの出力電圧 v_0 でわかる．この電圧 v_b は回転速度 N が時間 t によって変化するので，$v_0 = K_P \int N dt$ （K_P：定数）で表され，$j\omega$ を用いて変換すれば，次式のようになる．

$$G_A(j\omega) = \frac{v_0}{N} = \frac{K_P}{j\omega} \tag{7·54}$$

また，**A/D 変換器**は，電圧の大きさに比例したパルス数を発生するので，この伝達関数を $G_5(j\omega) = K_3$ とする．

以上の伝達関数を用いてブロック線図を描くと，図7·28のようになる．

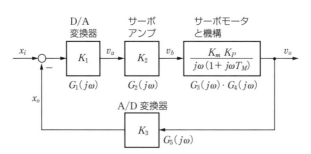

図7·28 位置決め機構のブロック線図

7章 | 演習問題

7·1 下の図は，フィードバック制御系の構成を示したものである．a〜l から適語を選んで，その記号を（ ）内に記入せよ．

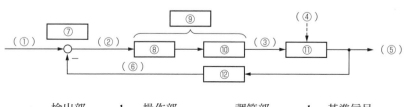

a. 検出部   b. 操作部   c. 調節部   d. 基準信号

e. 比較部   f. 制御部   g. 制御対象   h. フィードバック量

i. 操作信号   j. 制御信号   k. 外乱   l. 制御量

7·2 下の制御に関係ある制御量および応用分野を a〜m から選んで，その記号を（ ）内に記入せよ．

	制御	制御量	応用分野
①	プロセス制御	（　　）	（　　）
②	サーボ機構	（　　）	（　　）
③	自動調整	（　　）	（　　）

a. モータの速度調整   b. 湿度   c. pH

d. 石油化学工業   e. ロボット   f. 自動操縦

g. 方位   h. 電気的な量   i. 電力系統の制御

j. 工作機械   k. 製紙工業   l. 位置

m. 機械的な量

7·3 次の①〜④の制御は，目標値から分類すると何と呼ばれている制御か．a〜d から選んで，その記号を（ ）内に記入せよ．

① 炉に燃料と空気を送り込むような流量制御．（　　）

② 熱処理など炉の温度を制御．（　　）

③ サーボ機構の大部分が属する制御．（　　）

④ 電圧・電流・周波数などの自動調整による制御．（　　）

a. 定値制御   b. プログラム制御   c. 比率制御   d. 追従制御

7·4 次の □ の動作は何か. ただし，動作記号を x，操作量を y とする.

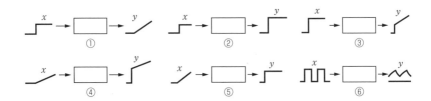

7·5 ①〜⑤のブロック線図を簡単化して，全体の伝達関数 G を求めよ.

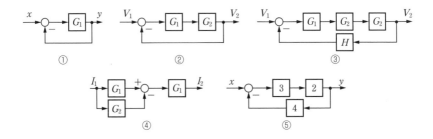

7·6 ①〜③の伝達関数 $G(s)$ を求めよ.

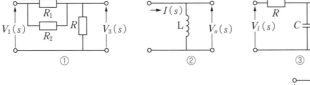

7·7 図7·29に示す回路について各問いに答えよ.
 （1） 時定数 T を求めよ.
 （2） T 秒後の出力電圧 e_0 を求めよ.
 （3） 伝達関数 $G(s)$ を求めよ.

7·8 図7·30に示す回路の周波数伝達関数 $G(j\omega)$ を求めよ. また，振幅の大きさ $|G(j\omega)|$ を求めよ.

7·9 $G(j\omega) = 1/(1 + j\omega)$ のボード線図（近似図）を描け.

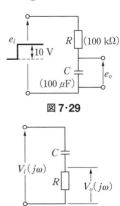

図7·29

図7·30

演習問題解答

1章　メカトロニクスとは

1・1 ①　機械学　　②　電子工学　　③　情報処理　　④　運動　　⑤　目的
⑥　メカトロニクス　　⑦　センサ　　⑧　アクチュエータ　　⑨　学習　　⑩　診断

1・2 DVD, CD プレーヤ, 電子式ミシン, 自動炊飯器, 電子式時計, ファクシミリ装置, ルームエアコン, 自動洗濯機, 自動 (AE, AF 機能付き) カメラ, コピー機, 電卓など.

1・3 (1) ②, ⑤, ⑦　　(2) ①, ②　　(3) ②, ③, ⑥, ⑦　　(4) ④, ⑧

1・4 エレクトロニクス包含形：NC 工作機械, ロボット
メカニズム包含形：自動洗濯機, DVD
共存形：自動カメラ, 電子式ミシン
置換形：デジタル時計, 電卓

1・5 小型, 軽量, 安価, 消費電力が小さい, ソフト的に制御可能など.

2章　メカトロニクスの適用

2・1 ①　焦点距離調整の自動化　　②　絞りの自動化　　③　シャッタスピードの自動化
④　ストロボフラッシュの自動化

2・2 (1) a, d, f, i　　(2) b, c, e, g, h

2・3 (1) b　　(2) d　　(3) a　　(4) e　　(5) c

2・4 省略〔2章 p.034 (2) 項参照〕

2・5 イ 4　　ロ 3　　ハ 5　　ニ 2　　ホ 1
(a) ⑤, ⑨　　(b) ④, ⑩　　(c) ②, ⑧　　(d) ①, ⑥　　(e) ③, ⑦

2・6 ① h　　② b　　③ g　　④ f　　⑤ d　　⑥ e　　⑦ a　　⑧ c

2・7 (1) 集積回路　　(2) 数値制御　　(3) 自動焦点合わせ　　(4) 電子制御装置
(5) 超大規模集積回路　　(6) 自動列車制御　　(7) アナログ / デジタル変換器
(8) 中央処理装置　　(9) マシニングセンタ

3章　機械の機構と伝動

3·1 c, f, f, a, g の順.

3·2 直進対偶, 回転対偶, ねじ対偶, 円筒対偶, 球対偶

3·3 ① ×　② ×　③ ○　④ ×　⑤ ○　⑥ ×　⑦ ○　⑧ ×

3·4 対偶, 連鎖, 静止節, 原動節, 中間節, 従動節, 原動節, 従動節, 伝動の順.

3·5 ① f　② b　③ d　④ c　⑤ a　⑥ e

3·6 $m = D/(z+2) = 170/(32+2) = 5$ mm, 式($3·1$)より $d = mz = 5 \times 32 = 160$ mm

3·7 ① e　② d　③ a　④ c　⑤ b

3·8 式($3·2$)より, $N_1 = [(z_2' z_3')/(z_1 z_2)]N_3 = [(60 \times 45)/(36 \times 20)] \times 160 = 600$ min^{-1}

3·9 式($3·1$)より, $d_1 = mz_1 = 2.5 \times 68 = 170$ mm, $d_2 = mz_2 = 2.5 \times 44 = 110$ mm
したがって, 距離 D は
$$D = (d_1 + d_2)/2 = (170 + 110)/2 = 140 \text{ mm}$$

3·10 ①—c—II　②—b—I　③—a—III

3·11 ① 円筒カム　② 板カム　③ 直動カム

3·12 ① てこ‐クランク機構　② 両てこ機構　③ 両クランク機構

3·13 式($3·4$)より, $N_A = (D_B/D_A)N_B = (158.8/248.8) \times 950 \fallingdotseq 606$ min^{-1}
$$v = (\pi D_B \times N_B)/60 = (158.8\pi \times 950)/60 = 7899 \text{ mm/s} \fallingdotseq 7.9 \text{ m/s}$$

3·14 式($3·7$)より, $L = 2c + 1.57(D_1 + D_2) + [(D_1{}^2 + D_2{}^2)/(4c)]$
$$\therefore \ L = 2 \times 385 + 1.57(78.8 + 313.8) + [(78.8^2 - 313.8^2)/(4 \times 385)]$$
$$= 1326 \text{ mm}$$

3·15 表$3·11$より呼び番号 50 のピッチ p は, $p = 15.875$ m である. これから
① 式($3·8$)より, $D_{p1} = p/\sin(180°/N_1) = 15.875/\sin(180°/17) \fallingdotseq 86.4$ mm
② $D_{p2} = p/\sin(180°/N) = 15.875/\sin(180/34) = 172$ mm
③ 式($3·9$)より $L = 2l + [(N_1 + N_2)/2]p + [(N_1 - N_2)^2/(4l\pi^2)]p^2$ に数値を代入する.
$$\therefore \ L \fallingdotseq 1608 \text{ mm}$$
④ $L_P = L/p = 1608/15.875 \fallingdotseq 101.3$ から, リンクの数は 102.

3·16 ① C　② V　③ C　④ V　⑤ C　⑥ V　⑦ C　⑧ V

3·17 ① 流体継手　② 静止節　③ 歯車列　④ スプロケット
⑤ 油圧伝動装置　⑥ 広角 V ベルト　⑦ モジュール　⑧ 機構

4章　電子要素部品とその回路

4·1 ① c　② e　③ f　④ a　⑤ b　⑥ d　⑦ h　⑧ g

4·2 ① d　② c　③ e　④ a　⑤ b

4·3 ① d ② b ③ e ④ c
⑤ a

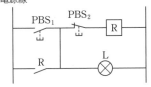

解図 1

4·4 解図 1

4·5 解図 2

4·6 ① e ② c ③ b ④ a ⑤ d

4·7 ① NPN トランジスタ ② LED

③ ダイオード ④ フォトダイオード

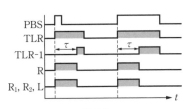

解図 2

⑤ ツェナーダイオード

⑥ 接合形 P チャネル FET

⑦ MOS 形 N チャネル FET

⑧ PNP トランジスタ

⑨ SCR P ゲート

⑩ ダイアック ⑪ オペアンプ

⑫ トライアック

4·8 式(4·1)より $I_F = -(1/R) V_F + V/R$, したがって

$$I_F = -(1/300) \times 0.7 + 4/300 = 0.011 \text{ A} = 11 \text{ mA}$$

4·9 表4·5より $V_F = 1$ V. したがって, $I_F = -(1/100) \times 1 + 30/100 = 0.29$ A

4·10 ①—D—II ②—A—III ③—C—I ④—B—IV

4·11 $I_C = I_E - I_B = 4.02 - 0.02 = 4.0$ mA, 式(4·2)より

$$h_{FE} = I_C/I_B = 4.0/0.02 = 200$$

4·12 （1） 式(4·3)より $I_B = -(1/R_B) V_{BE} + V_{BB}/R_B$, したがって

$$I_B = -(1/40) V_{BE} + 2.0/40 = -(1/0.04) V_{BE} + 50 \quad [\mu\text{A}] \qquad \cdots(\text{a})$$

ゆえに, 式(a)のグラフを図4·85
〔解図3(a)〕に描くと, P点よ
り $V_{BE} \fallingdotseq 0.85$ V, $I_B = 30 \mu$A と
なる.

（2） 式(4·5)より

$$I_C = -(1/R_C) V_{CE}$$
$$+ V_{CC}/R_C,$$

したがって

$$I_C = -V_{CE} + 6 \quad [\text{mA}]$$
$$\cdots(\text{b})$$

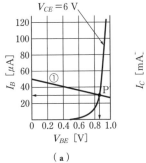

（a）

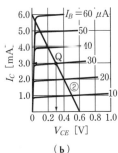

（b）

解図 3

ゆえに, 式(b)のグラフを図4·86
〔解図3(b)〕に描き, $I_B = 30 \mu$A との交点 Q から I_C, V_{CE} を求めると

$$I_C \fallingdotseq 3.0 \text{ mA} \qquad V_{CE} = 3.0 \text{ V}$$

4·13　　$V_o = I_o R = 5[\text{mA}] \times 1[\text{k}\Omega] = 5 \text{ V}$　　　$A_i = I_0/I_i = 5[\text{mA}]/0.1[\text{mA}] = 50$

$A_v = V_o/V_i = 5[\text{V}]/0.1[\text{V}] = 50$　　　$A_p = A_i \cdot A_v = 2500$

したがって，式(**4·12**)より

$G_i = 20 \log_{10} A_i = 20 \log_{10} 50 \fallingdotseq 34 \text{ dB}$

$G_v = 20 \log_{10} A_v = 20 \log_{10} 50 \fallingdotseq 34 \text{ dB}$

$G_p = 10 \log_{10} A_p = 10 \log_{10} 2500 \fallingdotseq 34 \text{ dB}$

4·14　　$I_C = V_{RC}/R_C = 4[\text{V}]/0.5[\text{k}\Omega] = 8 \text{ mA}$　　　$V_{CE} = V - V_{RC} = 10 - 4 = 6 \text{ V}$

$I_B = I_C/H_{FE} = 8[\text{mA}]/250 = 32 \,\mu\text{A}$

$R_B = (V - V_{BE})/I_B = (10 - 0.6)/32[\mu\text{A}] = 294 \text{ k}\Omega$

4·15　　式(**4·14**)より

$I_D = -(1/R_2) V_{DS} + E_2/R_2 = -(1/5[\text{k}\Omega]) V_{DS} + 10[\text{V}]/5[\text{k}\Omega]$

$= -0.2 V_{DS} + 2[\text{mA}]$　　　　　…①

① のグラフを図 **4·90**（解図 4 参照）に描き，$V_{GS} = E_1 =$
0.6 V との交点 Q から

$I_D = 0.8 \text{ mA}$　　　$V_{DS} = 6 \text{ V}$

4·16　　式(**4·13**)より

$I_C = h_{FE1} \cdot h_{FE2} \cdot I_B = 100 \times 200 \times 0.1$

$= 2000 \text{ mA} = 2 \text{ A}$

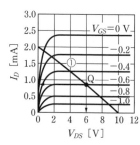

解図 4

4·17　　①—**b**—**III**　　　②—**c**—**I**　　　③—**a**—**II**

4·18　　（1）　A 点（図 **4·92** に明記）の電圧 V_A を求める

$$V_A = 0.1[\text{k}\Omega] \times I = 0.1[\text{k}\Omega] \times \frac{6[\text{V}]}{0.5[\text{k}] + 0.1[\text{k}]} = 1 \text{ V}$$

ゆえに，V_i は，$V_i \geqq V_A + V_{BE} \geqq 1 + 0.7 = 1.7 \text{ V}$　　　∴　V_i は 1.7 V 以上

（2）　リレーが動作するには 50 mA 必要なので，V_A（図 **4·93** に明記），V_i は次のように
なる．

$V_A = 50[\text{mA}] \times 40[\Omega] = 2[\text{V}]$　　　∴　$V_i = V_A + V_{BE} = 2 + 0.7 = 2.7 \text{ V}$

（3）　$V_{RE} = V_i - V_{BE} = 10.7 - 0.7 = 10 \text{ V}$　　　$I_E = V_{RE}/R_E = 10/10 = 1 \text{ A}$

$I_B = I_C/h_{FE} \fallingdotseq I_E/h_{FE} = 1/100 = 10 \text{ mA}$　　　$P_{RE} = I_E^2 \cdot R_E = 10 \text{ W}$

（4）　$V_L = V_{C1} - V_{BE1} - V_{BE2} = 19.4 - 0.7 - 0.7 = 18 \text{ V}$

$I_B \fallingdotseq I_C/(h_{FE1} \cdot h_{FE2}) \fallingdotseq I_E/(h_{FE1} \cdot h_{FE2})$，また $I_E = 18[\text{V}]/18[\Omega] = 1[\text{A}]$ であるから（I_E：
図 **4·95** に明記）

∴　$I_B = 1/(100 \leqq 100) = 0.1 \text{ mA}$

4·19　　（1）　**k, c, g, l, c, l, n, i, d** の順．

（2）　**a, e, j, f, f, b, b** の順．

4·20　　解図 5

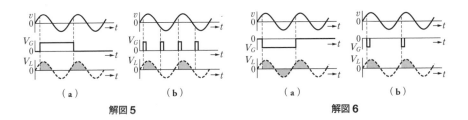

解図 5　　　　　　　　　解図 6

4·21　解図 6

4·22　（ 1 ）　$\begin{cases} V_i < 1\,\mathrm{V}\,のとき\,V_o \fallingdotseq -15\,\mathrm{V} \\ V_i > 1\,\mathrm{V}\,のとき\,V_o \fallingdotseq 15\,\mathrm{V} \end{cases}$　　$\begin{cases} V_i > -1\,\mathrm{V}\,のとき\,V_o \fallingdotseq 15\,\mathrm{V} \\ V_i < -1\,\mathrm{V}\,のとき\,V_o \fallingdotseq -15\,\mathrm{V} \end{cases}$

（ 2 ）　式（**4·22**）より　$V_o = (1 + R_f/R_i)\,V_i = (1 + 19/1) \times 0.1 = 2\,\mathrm{V}$

（ 3 ）　式（**4·19**）より　$V_o = -(R_f/R_i)\,V_i = -(20/1) \times 0.1 = -2\,\mathrm{V}$

（ 4 ）　式（**4·24**）より　$V_o = (R_2/R_1)\,(V_{i2} - V_{i1}) = (20/2)\,(2.2 - 2.4) = -2\,\mathrm{V}$

4·23　① b　② a　③ g　④ h　⑤ c　⑥ d　⑦ e　⑧ f

4·24　p.130（ d ）を参照.

4·25　p.127（ d ）を参照.

4·26　① f　② d　③ e　④ b, g, h　⑤ c　⑥ a

4·27　①　$A + B$, $\overline{A \cdot B}$ から　$F = (A + B)\,(\overline{A \cdot B})$

②　$A \cdot \overline{B}$, $\overline{A} \cdot B$ から　$F = (A \cdot \overline{B}) + (\overline{A} \cdot B)$

4·28　（ 1 ）　$I < I_{OH} = 400\,\mu\mathrm{A}$, また, H レベルの出力電流は I_{OH} であるから, 表 **4·11** より 400 μA 以上の電流を流さないように R を選ぶ.

（ 2 ）　$I < I_{OL} = -16\,\mathrm{mA}$, また, L レベルの出力電流は I_{OL} であるから, I_{OL} は表 **4·11** より $-16\,\mathrm{mA}$ となる. したがって, $5[\mathrm{V}]/(R + 200) < 16[\mathrm{mA}]$ となるように R を選ぶ.

∴　$R > 113\,\Omega$

（ 3 ）　S が ON のとき, IC の入力は 0 [V]（アース）で入力は L である. また, S が OFF のとき, 入力を H とすれば, 表 **4·11** より, I_{IH} は 40 μA 流れる. したがって, 抵抗 R の電圧降下 V_R は

$$V_R = 40[\mu\mathrm{A}] \times 100[\mathrm{k}\Omega] = 4\,\mathrm{V}$$

となる. すなわち, IC の入力電圧は 1 V となり, L の判断がなされる.

∴　R は 60 kΩ 以下, 通常は 10 kΩ 程度でよい.

（ 4 ）　S が ON のとき IC の入力は 5 V となり, H となる. また, S が OFF のとき, 入力を L とすれば, 表 **4·11** より, I_{IL} は $-1.6\,\mathrm{mA}$ である. したがって, 抵抗 R の電圧降下 V_R は

$$V_R = 1.6[\mathrm{mA}] \times 2[\mathrm{k}\Omega] = 3.2\,\mathrm{V}$$

となる. すなわち, IC の入力電圧は 3.2 V となり, L と判断されない.

∴　$R < (0.8[\mathrm{V}]/1.6[\mathrm{mA}]) = 500\,\Omega$ にしなければならない.

5章　機械制御法の基本

5·1 （1）　開ループ制御

（2）　1相励磁，2相励磁，1-2相励磁

（3）　$\theta = \alpha \cdot n = 1.8 \times 1000 = 1800°$

（4）　$T = 2\tau$　∴　$f = 1/T = 1/(2 \times 1[\text{ms}]) = 500 \text{ Hz}$

5·2　$l = 5[\text{mm}] \times 20 = 100 \text{ mm}$

6章　シーケンス制御

6·1　e, b, h, b, c, b, c, i の順.

6·2　全自動洗濯機，自動販売機，交通信号，エレベータ，自動搬送車

6·3　① b　　② g　　③ d　　④ i　　⑤ h　　⑥ c

6·4　① c, j　　② f, i　　③ b, e　　④ d, g　　⑤ a, h

6·5　①—e—I　　②—c—III

③—b—IV　　④—d—II

⑤—a—V

6·6　① C, d　　② D, a

③ A, c　　④ B, e

⑤ E, b

6·7　解図7

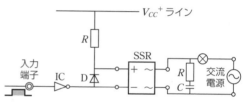

解図7

6·8　OFF，触れない，停止，

復帰，後

6·9　解図8　インタロック回路

6·10　f, d, cの順.

6·11　解図9

6·12　（1）　ポートPでブロックされて空気は流れな

い.

（2）　P, B

（3）　B, R

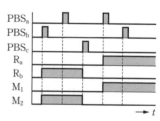

解図8

6·13　① C, a　　② E, d　　③ A, c

④ B, e　　⑤ D, b

6·14　① c　　② d　　③ a　　④ b

⑤ e

6·15　①　複雑な回路も比較的簡単にプログラミング

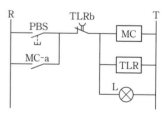

解図9

できる.

② 回路をソフト上に組み立てるので，生産工程の変更など柔軟性に富む.

③ 消費電力が小さく，発熱量も少ない.

④ 小型・軽量.

⑤ 信頼性が高く，汎用性に富む.

6·16 CPU，メモリ，入力回路，出力回路，入出力（I/O）インタフェース

6·17 図 6·45 のプログラム

10	LD	1	16	AND•NOT	4
11	OUT	20	17	LD	21
12	LD	20	18	AND	5
13	AND•NOT	2	19	OR•LD	—
14	OUT	21	20	OUT	22
15	LD	3	21	END	—

図 6·46 のプログラム

10	LD	1	16	OUT	21
11	OUT	20	17	LD	6
12	LD	20	18	OR	7
13	AND•NOT	5	19	AND	21
14	TIM 0	50	20	OUT	22
15	LD•TIM	0	21	END	—

6·18 解図 10

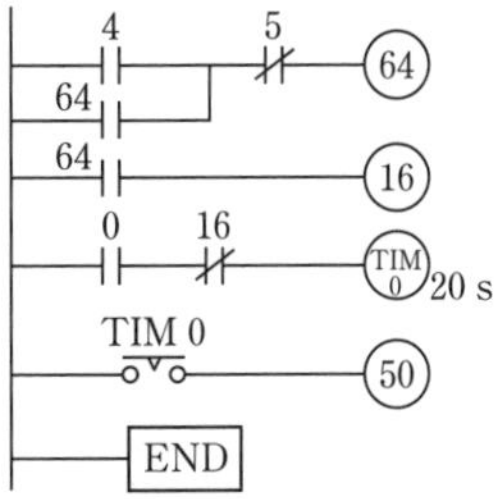

解図 10

7 章　フィードバック制御

7·1 ① d　②　j　③　i　④　k　⑤　1　⑥　h　⑦　e　⑧　c
　　　⑨　f　⑩　b　⑪　g　⑫　a

7·2 ① 制御量：**b, c**　応用分野：**d, k**
　　　② 制御量：**g, l**　応用分野：**e, f, j**
　　　③ 制御量：**h, m**　応用分野：**a, i**

7·3 ①　c　②　b　③　d　④　a

7·4 ①　I 動作　②　P 動作　③　PI 動作
　　　④　PD 動作　⑤　D 動作
　　　⑥　ON-OFF 動作

7·5 ①　解図 11　②　解図 12　③　解図 13
　　　④　解図 14　⑤　解図 15

$y = G_1(x - y)$
$\quad = G_1x - G_1y$
$y(1 + G_1) = G_1x$
$G = \dfrac{y}{x} = \dfrac{G_1}{1 + G_1}$

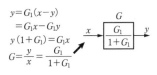

解図 11

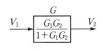

解図 12

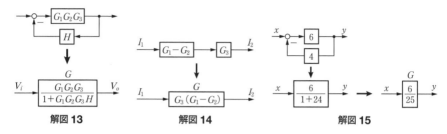

解図 13　　　　　　　解図 14　　　　　　　解図 15

7·6 ① $G(s) = (R_2R_3 + R_3R_1)/(R_1R_2 + R_2R_3 + R_3R_1)$

② $G(s) = V_o(s)/I(s) = sL$

③ $G(s) = V_o(s)/V_i(s) = 1/(1 + sCR)$

7·7 （1）　$T = CR = 100 \times 10^{-6} \times 100 \times 10^3 = 10$ s

（2）　$e_o = e_i(1 - e^{-t/T})$, また $t = T$ より $e_o = 10(1 - e^{-1}) = 6.32$ V

（3）　$G(s) = 1/(1 - sT) = 1/(1 + 10s)$

7·8 $V_o = \dfrac{R}{R + [1/(j\omega C)]} V_i$　∴　$G(j\omega) = \dfrac{V_o(j\omega)}{V_i(j\omega)} = \dfrac{j\omega CR}{1 + j\omega CR} = \dfrac{j\omega T}{1 + j\omega T}$

（ただし，$CR = T$）

$|G(j\omega)| = \omega T / \sqrt{1 + (\omega T)^2}$

7·9　解図 16

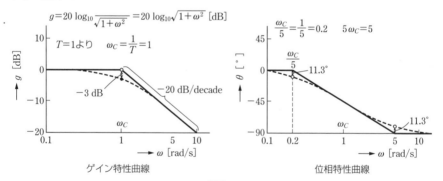

ゲイン特性曲線　　　　　　　　　位相特性曲線

解図 16

引用および参考文献

1) 上村幹夫：最新リレー活用技術，誠文堂新光社，1972.

2) 大川善邦ほか：電子機械，コロナ社，1993.

3) 大島康次郎（編）：自動制御用語事典，オーム社，1969.

4) 大西清（編著）：機械工学一般，理工学社，1988.

5) GP 企画センター（編）：自動車用語ハンドブック，グランプリ出版，1993.

6) 篠田庄司ほか：電子回路，コロナ社，1994.

7) 新機械工学便覧編集委員会（編）：新機械工学便覧，理工学社，1982.

8) 杉田稔：メカトロニクス入門ハンドブック，日刊工業新聞社，1987.

9) 須田建二・下田祐紀夫：マイコン制御によるメカトロニクス入門，共立出版，1983.

10) 高井宏幸：自動制御，実教出版，1980.

11) 鷹野英司・安藤久夫：電子機械制御入門，理工学社，1991.

12) 高野政晴ほか：電子機械応用，実教出版，1995.

13) 塚田忠夫ほか：新機械設計 2，実教出版，1994.

14) 日本機械学会（編）：産業機械・民生機器工業におけるメカトロニクス，メカトロニクスシリーズ V，技報堂出版，1984.

15) 日本機械学会（編）：鉄鋼・自動車・重機械工業におけるメカトロニクス，メカトロニクスシリーズ VII，技報堂出版，1984.

16) 林洋次ほか：機械設計 1，実教出版，1994.

17) 林洋次ほか：機械設計 2，実教出版，1994.

18) 舟橋宏明ほか：電子機械，実教出版，1995.

19) メカトロニクス研究会（編）：電子機械応用，コロナ社，1990.

20) 山田耕治ほか：電子機械基礎，実教出版，1993.

21) Motor Fan，三栄書房，2018.

索引

電子機械入門シリーズ
メカトロニクス（第2版）

1997 年 6 月 15 日	第 1 版第 1 刷発行
2021 年 11 月 5 日	第 2 版第 1 刷発行
2024 年 5 月 10 日	第 2 版第 3 刷発行

著　者　鷹野英司
発行者　村上和夫
発行所　株式会社 オーム社
　　　　郵便番号　101-8460
　　　　東京都千代田区神田錦町 3-1
　　　　電話　03(3233)0641（代表）
　　　　URL　https://www.ohmsha.co.jp/

© 鷹野英司 2021

印刷・製本　平河工業社
ISBN978-4-274-22788-2　Printed in Japan

本書の感想募集　https://www.ohmsha.co.jp/kansou/
本書をお読みになった感想を上記サイトまでお寄せください．
お寄せいただいた方には，抽選でプレゼントを差し上げます．

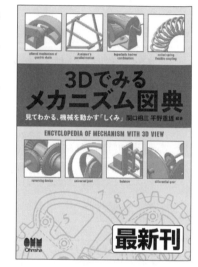